Kate Kitchenham

Wissen Hunde, dass sie Hunde sind?

KOSMOS

Günther Bloch: Wie viel Wolf steckt im Hund? 9

Der Wissenschaftler im Porträt 10
Fragen an Günther Bloch 16
Warum ist dir der Kontakt zu Hundehaltern wichtig? 16
Ist die Beziehung zwischen Hund und Mensch einzigartig? 17
Seit 24 Jahren erforschst du Wölfe – lernst du noch Neues dazu? 20
Gibt es besondere Momente, die du mit Wölfen hattest? 22
Wozu ist Langzeitforschung an freilebenden Wölfen gut? 24
Wie viel Wolf steckt noch im Hund? 24
Können Hunde ohne Menschen überleben? 27
Braucht jeder Hund einen Chef? 30

Marc Bekoff: Kann das Liebe sein? Wie Hunde fühlen 33

Der Wissenschaftler im Porträt 34
Fragen an Marc Bekoff 37
Was fasziniert dich an Hunden? 37
Gibt es neue Erkenntnisse über Emotionen und Gefühle bei Tieren? 38
Kennen Hunde Eifersucht und Neid? 40
Weiß mein Hund, wie ich mich fühle? 42
Macht Spielen und Kuscheln Hunde und Menschen glücklich? 45
Haben Hunde eine Vorform von Moral? 47
Verstehen Hunde menschliche Wut? 49
Was wünschen sich Hunde von der Beziehung zu uns Menschen? 51

Alexandra Horowitz: Wie sieht ein Hund die Welt? 53

Die Wissenschaftlerin im Porträt 54
Fragen an Alexandra Horowitz 57
Was erlebt ein Hund bei Gassi-Runden? 57
Wissen Hunde, was ein „Notfall“ oder „Lebensgefahr“ ist? 59

Können Hunde ein „schlechtes Gewissen“ haben? 60
Was wissen Hunde über sich selbst und andere? 63
Sollten wir viel und oft mit unserem Hund spielen? 64
Wie erlebt ein Hund sein Dasein, kennt er Langeweile? 66
Was können wir von Hunden lernen? 67
Wie können wir Hunde glücklich machen? 68

Kurt Kotrschal: Brauchen Hunde Menschen und Menschen Hunde? 71

Der Wissenschaftler im Porträt 72
Fragen an Kurt Kotrschal 76
Wissen Hunde, dass sie Hunde sind? 76
Warum möchten so viele von uns mit Hunden zusammenleben? 77
Wozu brauchen wir Forschung in Gehegehaltung? 80
Warum bezeichnest du Wolf und Mensch als „soziale Schwesterarten“? 82
Wie eng ist die Beziehung zwischen Wolf, Hund und Mensch? 83
Sind Beziehungen zwischen Hund und Mensch verschieden intensiv? 87
Worin unterscheiden sich Hunde und Wölfe am meisten? 89
Weiß mein Hund, dass ich ein Mann oder eine Frau bin? 91

Ádám Miklósi: Was wissen wir über Hunde? 93

Der Wissenschaftler im Porträt 94
Fragen an Ádám Miklósi 98
Was würdest du einen Hund fragen, wenn er sprechen könnte? 98
Interessieren dich Hunde nach 15 Jahren Forschung immer noch? 99
Wissen Hunde, dass wir Menschen sind? 100
Was macht einen Hund eigentlich intelligent? 102
Haben Hunde eine Vorstellung von Gegenwart, Zukunft & Vergangenheit? 103
Versteht mein Hund mich besser als so mancher Mensch? 106
Wie kommt man bei der Vielfalt zu allgemeingültigen Aussagen? 109
Was genau unterscheidet Hund und Wolf? 110

Juliane Kaminski: Was wissen Hunde über uns? 115

Die Wissenschaftlerin im Porträt 116
Fragen an Juliane Kaminski 119
Besitzen Hunde ein besonderes Potential als Betrüger? 119
Wie konnten sich die besonderen Fähigkeiten der Hunde entwickeln? 124
Hat die Neigung, Verbote zu brechen etwas mit Persönlichkeit zu tun? 128
Fallen „Vortäuschungssignale" in die Kategorie „austricksen"? 128
Haben Hunde eine Vorstellung von Physik? 130
Sind Rassen unterschiedlich schlau? 132
Verstehen Hunde die Bedeutung von Wörtern? 133
Wie lernen Hunde eigentlich am besten? 134

Udo Gansloßer: Stress, Hormone und Gerüche 139

Der Wissenschaftler im Porträt 140
Fragen an Udo Gansloßer 143
Was ist Stress für Hunde und wie viel davon verträgt ein Hund? 143
Was prägt die Persönlichkeit: die Rasse, Umwelt oder Individualität? 146
Gibt es gefährliche Rassen? 147
Wann schadet, wann hilft die Kastration? 149
Was sind wichtige Ressourcen für unsere Hunde? 150
Erkennen sich Eltern und Geschwister nach Jahren der Trennung wieder? 152
Möchten Hunde mit Markieren auch mit uns kommunizieren? 154
Was träumen Hunde? 156

Dorit Feddersen-Petersen: Was sagt mein Hund? 161

Die Wissenschaftlerin im Porträt 162
Fragen an Dorit Feddersen-Petersen 166
Möchten uns Hunde mit Bellen etwas Bestimmtes mitteilen? 166
Können „extrem gezüchtete" Hunde noch richtig kommunizieren? 169
Sind Hunde aggressiver als andere Tierarten? 172
Hat der Hund neben dem Bellen noch mehr neue Signale entwickelt? 175
Können wir Hunde über unsere Gefühlslage täuschen? 178
Was verstehen Hunde, wenn wir mit ihnen reden? 180
Gibt es Parallelen in der Kommunikation bei Menschen und Hunden? 181
Gibt es „emotionale Trottel" eigentlich auch beim Hund? 184

Wissen Hunde, dass sie Hunde sind?

Hunde beschäftigen sich garantiert herzlich wenig damit, wer sie sind und was ihr „Hundsein“ ausmacht. Im Idealfall sind sie nämlich viel zu sehr damit beschäftigt, ihr Hundeleben zu genießen!

Aber wir Menschen neigen dazu, uns ständig Fragen über das so vertraute und doch andersartige Wesen Hund zu stellen, mit dem wir unser Leben teilen. Wir würden zum Beispiel zu gerne wissen, wie ein Hund aus seiner Perspektive die Welt erlebt, ob er beim Familientreffen seine Geschwister und Eltern wiedererkennt, was er über unsere Gefühlswelt weiß oder was genau unser Hund tatsächlich von den Wörtern versteht, mit denen wir täglich auf ihn einreden.

Eine Auswahl der Führungsriege internationaler Kanidenforscher (Günther Bloch, Marc Bekoff, Alexandra Horowitz, Kurt Kotrschal, Ádám Miklósi, Juliane Kaminski, Udo Gansloßer und Dorit Feddersen-Petersen) beantworten in diesem Buch je acht Fragen und geben Einblicke in aktuelle und zukünftige Forschungsvorhaben ihrer jeweiligen Fachgebiete. Mein großer Dank gilt diesen Menschen: für ihre spannende Arbeit und für die Zeit, die sie sich für meine Interviews genommen haben. Ihre Antworten fallen bunt und vielfältig aus und zeichnen ein neues Bild vom Hund, das uns deutlich macht, wie spannend und faszinierend die Welt aus Hundesicht ist. So wissen Hunde, wie man am besten lautlos und ohne erwischt zu werden Futter klaut, sie können wahrscheinlich erahnen, was andere Hunde und Menschen als nächstes tun möchten oder wie sie sich in einer bestimmten Situation fühlen.

Am Ende können wir uns mit einem sicher sein: Hunde wissen umso mehr über sich selbst und andere, je intensiver wir sie Hund sein lassen. Wie das geht? Ganz einfach, wir sollten unseren Hund im Leben viel erleben und möglichst viel an unserem Alltag teilhaben lassen, er soll mit Kumpels über Wiesen toben oder streiten dürfen, dem Nachbarshund hin und wieder einen Knochen klauen können, mit uns spielen und zusammenarbeiten als Team – also jeden Tag in vollen Zügen genießen, ein glücklicher Hund sein!

Viele spannende Einblicke in die Welt der Hunde wünscht Ihnen
Kate Kitchenham

Günther Bloch: Wie viel Wolf steckt im Hund?

Der Wissenschaftler im Porträt

Als Junge wollte der kleine Günther eine Tierpflegerin aus dem Kölner Zoo heiraten. Er hielt sich so oft wie möglich zwischen den Tieren auf, schaute, schnüffelte und war fasziniert von der Vielfalt an Daseinsformen und Elke, die zu fast allen Gehegen freien Zugang hatte. Leider hat er sich nie getraut, sie anzusprechen, doch einen anderen Traum hat er sich zu verwirklichen gewagt: wilden Tieren ganz nah zu sein. Fast täglich fährt er heute mit dem Geländewagen im Winter durch die Kälte der kanadischen Berge, sucht die Talsohlen und Berghänge nach Wölfen ab. Dabei wird er unterstützt vom leisen Wuffen seines Wolfsanzeigers, dem Laika-Rüden Timber, der ihm schon oft verraten hat, wo sich seine Studienobjekte verstecken. Für tiefe Einblicke in das Leben seiner Wolfsfamilien harren die beiden so Stunden, Tage, manchmal Wochen zusammen in einem Beobachtungsposten aus, im Sommer umgeben von tausenden Moskitos, in ständiger Erwartung, den Finger stets am Abzug der Filmkamera. Denn wenn sich diskret und leise hinten am Waldrand eine Wolfsfamilie zeigt, heißt es ruhig und besonnen reagieren und filmen oder fotografieren. Denn die hoch intelligenten Tiere verschwinden manchmal genauso schnell wieder, wie sie plötzlich aufgetaucht sind.

Über Umwege zum Wolf

Wolfsforscher zu sein ist neben aller Freude an der Arbeit also vor allen Dingen eine ewige Geduldsprobe und knüppelharter Alltag.

Neben einer großen Leidenschaft für diese faszinierenden Tiere braucht man deshalb eine mindestens ebenso große Portion Sturheit. Die bringt Günther Bloch als Kölner Jung von Natur aus mit. Und so erscheint es fast, als sei sein Weg von Elke aus dem Kölner Tiergarten in die Wildnis Kanadas geradlinig und konsequent verlaufen. Doch wie so oft ist es schwierig, diesen Faden zu sehen, wenn man mitten im Leben steckt. Auch Günther Bloch musste Umwege gehen und fand den Weg zum Ziel schließlich über Zufälle, wichtige Bekanntschaften und seine große Lernbereitschaft. Geholfen hat ihm mit Sicherheit auch die Fähigkeit, Altgelerntes über den Haufen werfen und von anderer Warte aus neu betrachten zu können: Er begann seine Karriere als einer der ersten Dogsitter Deutschlands, die ersten Gassirunden

Auch nach 25 Jahren ist dieser Ausblick noch atemberaubend. Timber gibt Günther Bloch leise Hinweise, sobald er einen Wolf wahrnimmt.

Günther Blochs Herz schlägt für den Laika, eine russische Rasse mit starkem Charakter und feinen Sinnen. Ideal, um scheue Wölfe aufzuspüren.

waren noch Freundschaftsdienste für gute Bekannte. Sein Händchen für den Umgang mit Hunden sprach sich schnell herum und er konnte bald anfangen, mit Training und Spaziergängen Geld zu verdienen und den eher einseitigen Job als Reisebürokaufmann an den Nagel zu hängen. In einem klassischen Schäferhundeverein der achtziger Jahre machte er nebenbei die ersten Schritte als Trainer und gründete schließlich, auch inspiriert durch den Kontakt zum Forscher Eberhard Trumler, seine bekannte „Hunde-Farm Eifel".

Fortan bereicherte er 30 Jahre lang mit seiner unkonventionellen, manchmal schmerzhaft direkten, aber dann wieder fröhlich mitreißenden Art die deutsche Hundetrainerszene und machte sich schnell einen Namen als Ratgeber für Hundebesitzer, Hobby-Forscher und Studenten, die an seiner Pension Beobachtungsstudien an Haushunden durchführten.

Er selbst streckte parallel zu seiner Trainertätigkeit schon früh die Fühler in Richtung Ethologie und Verhaltensbiologie aus: Im Wolf-Park/USA von Dr. Erich Klinghammer untersuchte er zunächst als Volontär ab 1990 das Verhaltensrepertoire an Gehegewölfen und schloss 1991 Freundschaft mit dem berühmten Verhaltensökologen Paul Paquet. Der kanadische Wissenschaftler war damals Leiter der

„Canid Ecology Study“. Es hat zwischen den beiden Männern sofort „gefunkt“. Nicht nur, dass sie als ehemalige Hippies den gleichen Musikgeschmack pflegten, sie waren auch „Hundefreaks“, wollten Wölfe freilebend beobachten und beide gestanden diesen hochsozialen Tieren Emotionen wie Trauer und Glück zu – zur damaligen Zeit noch eine sehr gewagte, umstrittene Ansicht.

Zuhause in Deutschland gründete Bloch derweil gemeinsam mit Elli Radinger und anderen Anfang der Neunziger die „Gesellschaft zum Schutz der Wölfe e. V. “, in den kanadischen Rocky Mountains verlegte er etwa zur gleichen Zeit seinen Studienschwerpunkt in den Banff Nationalpark. Jedes Jahr kam er für einen Beobachtungszeitraum von Anfangs zwei, später vier und schließlich sogar sechs Monaten hierher, um das komplexe Sozialverhalten „seiner“ Timberwölfe zu dokumentieren.

Was vom Wolf im Hunde übrig blieb, studierte Günther Bloch parallel in Italien zwischen 2005 und 2007 an mehreren verwilderten Haushundegruppen: Sein „Tuscany Dog Project“ wurde von Udo Ganslοßer (siehe S. 140 ff.) wissenschaftlich begleitet und hat fünf faszinierende Diplomarbeiten zum Gruppenverhalten von Hunden zu Tage gefördert (Die Pizza-Hunde, Kosmos 2007).

Doch nach jedem Aufenthalt in Kanada fiel ihm der Abschied von den Wolfs- und Rabenfamilien, die eng zusammenleben, schwerer. 2007 beschloss er schließlich, gemeinsam mit seiner Frau Karin und zwei Hunden auszuwandern.

Über 25 Jahre Wolfsforschung

Zusammen mit seinen vorangegangenen Verhaltensforschungen und der vor über 15 Jahren in enger Zusammenarbeit mit den Carnivore-Spezialisten Mike Gibeau und Paul Paquet gegründeten „Bow Valley Wolf Behaviour Study“, ergibt sich bis heute ein Beobachtungszeitraum von über 25 Jahren. Ganze Generationen von Wolfs- und Kojoten-Familien hat er auf diese Weise begleiten, ihre Dynastien und ihr Auseinanderbrechen detailliert studieren können.

Solche Langzeitdokumentationen sind selten, aber enorm wichtig: Sie können unter anderem Dynamiken in Populationen zeigen und wie diese von den sich stark verändernden Lebensumständen geprägt werden.

Dazu protokolliert Bloch unter anderem das koordinierte Jagen im Rudelverband, beobachtet Einzeljagden, verfolgt kurzfristige Streitereien, Wiederversöhnungen. Er betrachtet verstorbene Wolfsindividuen sehr genau, um zu ergründen, was zu ihrem Tod geführt hat und welche Verletzungen und Knochenbrüche sie erstaunlicherweise überlebt haben. Er sammelt Wolfskot ein und lässt ihn untersuchen, um über genetische Analysen die Verwandtschaftsverhältnisse der verschiedenen Individuen belegen oder erkennen zu können und woraus sich der Speiseplan der Wölfe im Laufe eines Jahres zusammenstellt.

Auf diese Weise setzt sich das Puzzlebild der Verhaltensökologie des Wolfes immer deutlicher zusammen, wir erfahren mehr über die Beziehungen der verschiedenen Individuen untereinander, können Lebensgeschichten nachzeichnen, erfahren im Nachhinein, was ihre Anpassung im Lebensraum und den Umgang mit Ressourcen bestimmt hat.

Denn wie entspannt das hoch soziale Leben im Gruppenverband ist und wie gut manche Wölfe trotz aller Territorialität mitunter sogar mit ihren benachbarten Artgenossen auskommen, hängt immer von der ökologischen Situation ab, die im Falle von Banff zumindest saisonal

Wölfin Yuma versorgt ihre verletzte jüngere Schwester mit Futter – eine Krankenpflege, die Günther Bloch mehrfach dokumentieren konnte.

definitiv von Massentourismus und viel Verkehr geprägt wird. Durch den langen Beobachtungszeitraum von mehreren Dekaden konnte Günther Bloch unter anderem protokollieren, wie seine Wölfe mit diesen Veränderungen ihrer Lebenswelt umgehen.

So bekommt man sie in den letzten Jahren zum Beispiel immer seltener zu Gesicht und wenn doch, dann ist die plötzliche Präsenz oft ein Ablenkungsmanöver. Günther Bloch ist sich sicher, dass erwachsene Wölfe die Strategie entwickelt haben, Touristen durch plötzliches Erscheinen und Fortlaufen von den Höhlenkomplexen wegzulocken. Solche Methoden kann ein Forscher nur nachvollziehen, wenn er die einzelnen Individuen genau kennt, Geschichten zu ihnen, ihrer Persönlichkeit und ihrem Leben erzählen kann.

Wölfe lernen viel von ihren Eltern, passen diese Strategien aber an ihre aktuellen Lebensbedingungen an.

Derzeit konzentrieren sich Bloch und Paquet auf das Thema Persönlichkeit. Dieser Fokus ist spannend, da er sich mit der Frage überschneidet, wie Gefühle von Individuen unterschiedlich geäußert werden: „Wir sind nicht alle instinktiv gleich, Gefühle werden anders gezeigt und verarbeitet. Dadurch kann es in ähnlichen Situationen zu ganz unterschiedlichen Beobachtungen kommen." Für Günther Bloch gehören Gefühle wie Trauer und Glück zu einem Wolfsleben dazu, auch wenn er diese Emotionen rein wissenschaftlich natürlich nicht hundertprozentig beweisen kann. „Aber", so sagt er, „die anderen können doch das Gegenteil auch nicht beweisen. Wo ist der wissenschaftliche Beweis, dass Menschen eine Seele oder Tiere keine Gefühle haben?" Ganz im Sinne von Bekoff argumentiert er, dass, solange kein Gegenbeweis vorliege, wir besser von dem Vorhandensein dieser Gefühle ausgehen sollten. Man merkt schnell: Dieser Mann gibt Vollgas wenn es um „seine" Wölfe und Hunde geht. Doch im letzten Jahr hat sein Körper die Reißleine gezogen: mitten bei einer Wolfsbeobachtung erlitt er einen Herzinfarkt. Als Folge ist er nun gezwungen, etwas weniger zu arbeiten, und musste sein geliebtes Rauchen nach 45 Jahren und „einer Tagesration von an die 30 Glimmstängeln" aufgeben. Wenn er davon berichtet wird deutlich, dass er die Einhaltung des ärztlichen Ratschlags, auf die Zigaretten zu verzichten, nur mürrisch befolgt. Auch hier bricht wieder der Kölner Sturkopf durch. Er raucht zwar strikt nicht mehr, kann sich aber nicht verkneifen abschließend zu bemerken: „Außer ein bisschen mehr Luft in der Lunge kann ich keinen Vorteil im rauchfreien Leben erkennen."

Fragen an Günther Bloch

1. Du unterbrichst deine Forschungen in Kanada jedes Jahr und hältst mehrere Wochen Vorträge in ganz Deutschland. Dabei nimmst du dir jedes Mal viel Zeit für die Fragen deiner Zuhörer. Ist dir der Kontakt zu ganz normalen Hundehaltern wichtig?
Ich fühle mich normalen Hundehaltern viel mehr verpflichtet als irgendwelchen wichtigen Größen der „Szene". Ich bin ja selber kein studierter Wissenschaftler, trage keine Titel. Aber ich arbeite stets so methodisch wie irgend machbar. Mit anderen Worten: Meine Verhaltensbeobachtungen müssen immer nachvollziehbar sein, ein anderer muss das jederzeit wiederholen können.

Meine Verbundenheit zur „Basis", also dem ganz normalen Hundehalter, kommt vielleicht daher, dass ich selber so angefangen habe: Ich hatte einen eigenen Hund und habe irgendwann anderen Freunden mit der Betreuung ihrer Hunde geholfen. Und dann habe ich mein erstes Buch von Eberhard Trumler gelesen und dachte: Der spinnt! Aber mein Besuch in seiner Station der Gesellschaft für Haustierforschung in Wolfswinkel war eines der Dinge in meinem Leben, die mich zutiefst beeindruckt haben. Er hat vergleichende Studien an Dingos und Pariahunden durchgeführt, um mehr über den Verlauf der Domestikation des Haushundes zu erfahren. Er war ein begnadeter Beobachter, von dem ich viel lernen konnte. So entstand bei uns die erste Pensionshundehaltung in Deutschland. Hier konnte ich dann klar sehen, wie Gruppen optimal zusammengesetzt sein müssen, wer in der Gruppe zum Mobbingopfer wird und wie man am effektivsten richtig eingreift. So habe ich selber angefangen, Hunde zu „lesen" und dieses Verhalten den Menschen zu erklären. Und schließlich haben mich all die unerzogenen Hunde in der Pension derart genervt, dass ich angefangen habe, sie zu trainieren und den Menschen zu erklären, wie sie ihre Hunde erziehen könnten. Ich war auch der Erste, der den Leuten zuhause ein Einzeltraining angeboten hat. Aus gutem Grund: Im häuslichen Umfeld entstehen die Probleme, alles andere ist für mich ein fauler Kompromiss. Hunde muss man nicht auf einem eingezäunten Platz unterrichten, sondern dort, wo die Verhaltensanpassungen und potentiellen Probleme sind: bei den Menschen zuhause oder beim täglichen Spaziergang.

Probleme entstehen im häuslichen Umfeld – hier sollte auch trainiert werden.

2. Ist die Beziehung zwischen Hund und Mensch einzigartig?

Es gibt auch in freier Wildbahn mehrere Arten, die in der Lage sind zum Beispiel bei der Nahrungssuche zu kooperieren. So jagen Eisbär und arktischer Fuchs oder Koyoten und Dachse häufig zusammen und die kleine Vogelart „Honiganzeiger" führt den Honigdachs regelmäßig zuverlässig zu Bienenstöcken, um ihm dann beim Öffnen der Honigvorräte zuzusehen und später zusammen zu speisen.

Hier tut man sich zusammen, um den Erfolg bei der Nahrungssuche zu optimieren. Voraussetzung ist natürlich, dass man das Verhalten der anderen Art einschätzen und vorhersagen kann. Es ist also eine frühe Form von Einfühlungsvermögen in die Fähigkeiten der anderen Spezies nötig und das Tier muss in der Lage sein, Motivationen wie das Verscheuchen von der gemeinsamen Fressstelle zurückstellen zu können.

In der Hund-Mensch-Beziehung gibt es natürlich noch viel mehr Aspekte, die über eine rein funktionale Beziehung hinausgehen. Wir teilen uns Bett, Sofa, Wohnung, Garten, unternehmen gemeinsame Aktivitäten außerhalb der Nahrungssuche, sind zärtlich und vertraut miteinander.

Zwischen Mensch und Hund können sich sehr enge Bindungen entwickeln, doch auch Raben und Wölfe knüpfen Freundschaften.

In freier Wildbahn ist mir eine vergleichbare Form so eines soziopositiven Zusammenlebens zwischen zwei Arten nur von Wölfen und Raben bekannt: Im Banff Nationalpark konnten Paul Paquet und ich über 15 Jahre hinweg dokumentieren, wie einige Rabenfamilien im engen Kontakt mit jeweils einer bestimmten Wolfsfamilie zusammenleben. Dazu gehört, dass sie ihre Nester in der Nähe von den Höhlenkomplexen der Wölfe bauen und dadurch die Jungen zusammen aufwachsen. Wir konnten dabei nicht nur gemeinsame Streifzüge und Jagden beobachten, sondern auch ganz einzigartige Formen von spielerischer Interaktion zwischen bestimmten Raben und Wölfen, die es uns möglich machten, die schwer zu unterscheidenden Raben anhand dieser Rituale zu identifizieren. So konnte ich mehrfach beobachten, wie Raben den Wölfen an den Ruten ziehen, auch die Welpen und Jung-

Zwischen Wolfs- und Rabenindividuen entwickeln sich enge Bindungsbeziehungen, die man an individuellen Ritualen beim Spielen und Fressen erkennen kann.

wölfe werden „gepiesackt“. Raben genießen hier teilweise eine Form von „Narrenfreiheit“. Gleichzeitig hat das Zusammenleben auch eine deutliche Funktion: Bei der Suche nach Wild werden die Wölfe von den Raben unterstützt, sie fliegen voraus und zeigen von oben an, wenn sie etwas entdeckt haben, zum Beispiel ein geschwächtes Beutetier. Nordamerikanische Indianer haben übrigens schon lange von dieser Beziehung gewusst, sie nennen Raben „die Augen der Wölfe“. Nachdem die Wölfe gefressen haben, dürfen dann auch die Raben zuschlagen, bei besonders vertrauten Individuen stillen beide Arten sogar manchmal zeitgleich ihren Hunger an der Beute. Wer weiß, vielleicht ist diese „Offenheit“ des Wolfes für das Zusammenleben mit einer anderen Art ein Grund, warum er sich dem Menschen angeschlossen hat? Jedenfalls kann nicht mehr behauptet werden, dass die Mensch-Hund-Beziehung einzigartig ist. Auch Raben und Wölfe leben anscheinend über lange Zeiträume eng zusammen, teilen Ruheplätze, interagieren vertraut und gehen gemeinsam auf die Jagd.

Forschungsstudie | Es gibt ein sozial-kooperatives Gemeinschaftsleben zwischen Raben und Wölfen

Im Zeitraum von 1993 bis 2002 haben Paul Paquet und Günther Bloch systematisch Langzeitbeobachtungen zum Zusammenleben von Wölfen und Raben an den Höhlenkomplexen der Wölfe im Banff Nationalpark/Kanada durchgeführt. Dabei konnte dokumentiert werden, dass es nur zwischen bestimmten Raben- und Wolfsindividuen zu einer frühen Prägung in der Jugendphase kam, die im Erwachsenenalter durch häufige soziale Interaktionen aufrechterhalten und stetig verstärkt wurde. Dies könnte möglich sein, da Wölfe genau wie Raben in monogamen Langzeitbeziehungen zusammenleben.

Die deutlich gehäufte Ansiedlung von Rabennestern in der Nähe von Höhlenkomplexen und die gemeinsamen Jagd- und Streifzüge (80 Prozent der Territoriumsexkursionen durch Wölfe fanden in Begleitung der Raben statt) unterstützt die Hypothese einer sozialen Verbundenheit zwischen Wolfs- und Rabenfamilien. Untermauert wurde diese Annahme zusätzlich durch die Beobachtung von einzigartigen, ritualisierten Verhaltensweisen zwischen den verschiedenen Wolfs-und Rabenfamilien, die einen bestimmten Grad von gewachsener Vertrautheit zwischen den Individuen nahelegen. Daraus kann der

Auch zum Mensch können Rabenvögel Vertrauen fassen, sie sind wie Menschen und Wölfe hoch soziale Lerntiere.

Schluss gezogen werden, dass es sich beim Zusammenleben von Wolf und Rabe um eine Form von sozialer Langzeitbeziehung handelt, die über den Zusammenschluss als zeitweise kooperative Jagdgemeinschaft weit hinausgeht.

Bloch, Günther & Paul C. Paquet (2011): Wolf (Canis lupus) & Raven (Corvus Corax): The co-evolution of „team players" and their living-together in a social mixed group.

3. Seit 24 Jahren erforschst du die Wölfe – lernst du immer noch Neues über sie dazu?

Manchmal täglich! Klar: In einem bestimmten Kontext beobachtest du immer dieselben Dinge – doch dann verhalten sie sich plötzlich ganz anders. Oft genau dann, wenn du gerade dachtest, du hättest etwas verstanden, musst du wieder ganz neu denken. Wahrscheinlich liegt es daran, dass hier Emotionen und Persönlichkeiten im Spiel sind. Aber Verhaltensweisen oder Strategien ändern sich auch, weil sich der Lebensraum durch Klimawandel und Massentourismus in den letzten Jahrzehnten stark gewandelt hat. Die Wölfe müssen darauf reagieren und angepasste, also adaptive Taktiken entwickeln. Deshalb beobachte ich immer neue Verhaltensstrategien, die praktisch mit den Generationen wechseln. Der Nachwuchs lernt bestimmte Dinge von den Eltern, optimiert dieses Wissen aber während des eigenen Lebens mit den eigenen Erfahrungen. Als ich angefangen habe hier zu beobachten, gab es zum Beispiel deutlich weniger Straßenverkehr und Menschen. Wenn ein Fotograf in diese Gegend kam und ein Foto machen wollte, dann hat er zwei Stunden hinter einem Baum gestanden und geduldig gewartet. Heute in Zeiten von Facebook & Co. sind viele zu Paparazzi geworden! Wildtiere werden hier regelrecht gehetzt. Manchmal kommen die Fotografen drei- bis vierhundert Meter vor eine Wurfhöhle der Wölfe, ohne es zu wissen. Die Wölfe sind das mittlerweile gewöhnt, möchten aber verhindern, dass die Welpen entdeckt werden. Deshalb fangen sie an, die Menschen auszutricksen: Sie laufen Umwege und locken sie damit immer weiter weg von ihrer Höhle oder den Liegeplätzen. Auch ihr Heulverhalten hat sich komplett verändert. Nur wo wenig Menschen sind, wird viel geheult. Hier bei uns wollen die Wölfe nicht bekannt geben, wo sie sich gerade aufhalten oder ihre Kinder aufziehen – deshalb verhalten sie sich viel stiller als vor zwanzig Jahren. Sie möchten ihre Rückzugsgebiete erhalten, in denen sie in Ruhe ihre Welpen aufziehen können, und haben ihr Verhalten dementsprechend angepasst.

Der Tourismus hat zugenommen, immer mehr Menschen möchten Wölfe in freier Wildbahn beobachten. Das wirkt sich auch auf das Verhalten aus.

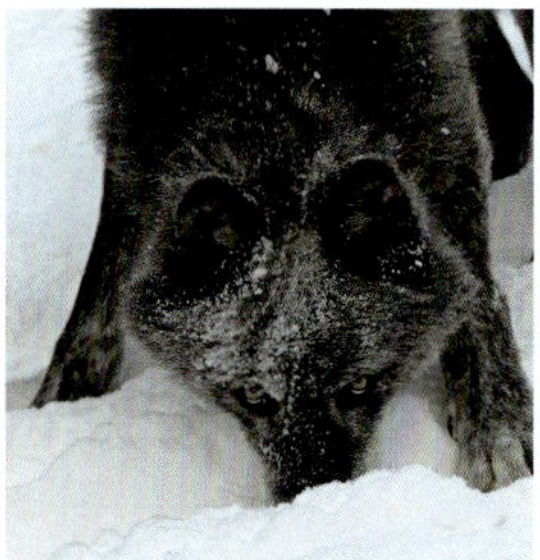

Nicht Körpergröße oder Brutalität, sondern ein starker Wille gepaart mit sozialer Kompetenz und Entscheidungsfreude: Diese Eigenschaften lassen einen Wolf zum Leittier werden.

4. Gibt es besondere Momente, die du mit Wölfen hattest?

Da gab es sehr viele unvergessliche Augenblicke! Aber die wichtigsten Momente waren für mich immer die, in denen ein Klischee über Wölfe klar wiederlegt werden konnte. Ich erinnere mich an das erste Mal, als ich vor einer Höhle saß, die Elterntiere mit ihren Welpen beobachtete und als aktiver Hundetrainer logischerweise auf den berühmt-berüchtigten „Nackenschüttler" gewartet habe. Bis heute habe ich den noch nie gesehen! Und als ich überraschend feststellte, dass ein Rudelführer nicht immer männlich sein muss. Der Fähe und Leitwölfin Betty folgten schon im Winter 1997 alle 18 Familienmitglieder über einen gefrorenen See. Und in vielen anderen Situationen konnte ich immer wieder beobachten, dass das Geschlecht keine Rolle bei Führungspositionen spielt. Ich habe ja damals in den Siebzigern beim Schäferhundeverein angefangen zu arbeiten. Da lernte man, wie man als Anführer den Hund wie ein „Alpha-Wolf" unterdrücken soll, inklusive Nackenschüttler und Kreuzwurf. Ich war da mittendrin und habe viel gelernt, positive wie negative Dinge. Die Fährtenarbeit war zwar bereits fantastisch damals – aber die Unterordnung war der Horror.

Und heute sitze ich hier vor der Höhle in der kanadischen Wildnis und sehe in der Norm total relaxte Elterntiere, die liebevoll, manchmal geradezu albern und immer souverän ihren Nachwuchs erziehen. Das sind die Momente, in denen dir der Spiegel noch einmal deutlich vorgehalten wird und du erkennst, was du damals teilweise für einen Quatsch erzählt hast. Aber genauso schön sind natürlich auch die Momente, in denen ich meine Ansichten bestätigt finde. Erik Zimen hat sich anfangs geweigert, den Wölfen Gefühle zuzugestehen, das war noch ganz normal für die damalige Zeit, in der das heftig umstritten war. Und dann hatte ich diesen Wolf Yukon, der im Winter immer auf dem Rücken einen Hang hinuntergerodelt ist und sichtlich Spaß dabei hatte. Zusätzlich konnte ich neun Mal dokumentieren, dass ein juveniler oder erwachsener verletzter Wolf vom Rest der Familie versorgt wurde. Auch Erik sprach später von Liebe im Zusammenhang mit wölfischer Paarbindung. Letztens war zum Beispiel Sunshine so massiv durch einen Zug verletzt, dass sie sich nicht mehr richtig bewegen konnte. Über Monate ist dann ihre ältere Schwester Yuma so oft wie möglich bei ihr geblieben, während die Eltern auf Jagd gingen und ihr die Hälfte der Beute überließen (siehe Foto S. 14). Sie hat nach langer

Krankheit überlebt und war mit den anderen sogar im Revier unterwegs. Im Sommer 2013 war sie die Haupt-Babysitterin und passte auf die neuen Welpen auf. Natürlich gibt es auch Beispiele, in denen die Familie extrem verletzte Mitglieder zurückgelassen hat. Aber das ist selten. Meistens gibt es Tiere, die sich umeinander bei Krankheit kümmern, anscheinend ist es eine Frage des Individuums und womöglich des Verletzungsgrades und kann nicht pauschal behauptet werden. Somit ist es ein großartiges Erlebnis: Wenn man zum einen etwas berichten kann, das alte Ansichten korrigiert, und zum anderen dann damit skeptische Leute überzeugt werden können. Dies sind für mich die wichtigsten Momente in meinem Leben: Dann fühle ich, dass ich etwas geleistet habe.

Wölfe verhalten sich in bestimmten Situationen höchst unterschiedlich, dadurch werden verallgemeinernde Aussagen über „den Wolf" schwierig.

5. Wozu ist Langzeitforschung an freilebenden Wölfen gut?

Meine Verhaltensuntersuchung hier im Banff Nationalpark ist die längste kontinuierliche Studie an Timberwölfen weltweit. Seit über 23 Jahren begleite ich etliche Generationen, habe die Entstehung und das Zerbrechen von Wolfsdynastien und Territorien erlebt. Meine berühmtesten Paare waren Storm und Aster, und später Delinda und Nanuk, ich konnte bei ihnen und anderen Gruppen unglaubliche Beobachtungen über Familienzusammenhalt, Trauer, traditionelle Weitergabe von Wissen oder die Sozialisierung mit Rabenfamilien machen – solche Erkenntnisse über das natürliche Leben der Wölfe kannst du im Gehege niemals gewinnen.

6. Wie viel Wolf steckt noch im Hund?

Immer wieder höre ich die Kritik, dass der Wolf mit dem heutigen Haushund nichts mehr zu tun habe und deshalb meine Forschung zumindest für moderne Hundehalter nicht interessant sei. Viele Leute sehen das allerdings völlig anders, denn diese Pauschalaussage gilt vielleicht allenfalls für den Besitzer eines Mopses. Mein Laika-Rüde Timber ist zwar eindeutig ein Hund, doch in seinem Wesen noch ziemlich nah am Wolf. Deshalb kann man eigentlich keine verallgemeinernde Aussage zu der Vergleichbarkeit von „dem Hund" und „dem Wolf" treffen, man müsste alle fast 400 Rassen untersuchen und selbstverständlich gibt es auch bei Wolfspopulationen und den vielen Subspezies Unterschiede im Verhalten. Dazu kommen die starken individuellen Verhaltensvariationen die wir bei Hunden und Wölfen finden. Dorit Feddersen-Petersen hat in diversen Studien beispielsweise die Individualentwicklung einiger Rassen verglichen (siehe S. 161 ff.), aber das ermöglicht nur einen kleinen Einblick, wie stark sich Hunderassen und sogar Hundepersönlichkeiten der gleichen Rasse im Verhalten unterscheiden können.

Dazu kommt, dass Hunde, die in einer Familie in einer Großstadt leben, uns nicht wirklich zeigen, was genau noch an ursprünglichem Verhalten in ihnen steckt und wo sie sich an unser Leben angepasst haben. Um erkennen zu können, was vom Wolf im Hund übrig geblieben ist und welche Verhaltensweisen im Zuge der Domestikation verlorengegangen sind, muss man eigentlich „reines" Hundeverhalten untersuchen.

Das haben wir bei den sogenannten „Pizza-Hunden“ versucht: Hier hatten wir drei Gruppen, die fast ganz ohne Beeinflussung durch den Mensch lebten. Wir haben uns gefragt: Was machen die ohne uns? Stimmt es, dass sie nicht in der Gruppe, sondern lieber einzeln unterwegs sind? Wir wollten wissen, ob innerhalb der Gruppe wirklich viel aggressiver kommuniziert wird als bei Wölfen und wie stabil die Gruppe zusammengehalten hat. Damals im toskanischen Naturpark in der Nähe von Pisa/Italien hatte ich die Möglichkeit, das zu untersuchen, auch wenn mir die Hitze wirklich zu schaffen gemacht hat. Aber da musste ich durch – und es hat sich gelohnt. Udo Gansloßer (siehe S. 140 ff.) hat als Wissenschaftler Studenten zu mir geschickt, die neben meinen eigenen Freilandbeobachtungen Datenmaterial für ihre wissenschaftlichen Arbeiten gesammelt und ausgewertet haben. Es war eine Art Novum zur Verhaltensbiologie von Haushunden, weil wir alle erstmals wissenschaftliche Daten zu Hundegruppen gewinnen konnten, die abseits menschlicher Ansiedlungen in einem riesigen Wald lebten.

Eine Gruppe der wild lebenden Hunde, die Günther Bloch in Italien untersucht hat. Die Studien konnten viele Mythen rund um den Hund enttarnen.

7. Können Hunde ohne Menschen noch überleben?

Das Spektrum beim Hund ist riesig, deshalb sind verallgemeinernde Aussagen hier schwierig. Aber die meisten Hunde würden das nicht mehr schaffen. Ganz im Norden von Kanada bringen die Hündinnen der Inuit ihre Welpen bei minus 25 Grad zur Welt. Von acht Neugeborenen überleben meist nur drei, somit die Kräftigsten, die Kälte. Die sind dann auch später im Leben extrem hart im Nehmen und kommen der Widerstandskraft eines Wolfes verdammt nahe. Aber generell gilt: Wenn wir den klassischen Familienhund aus Köln mit dem Wolf vergleichen: Nein. Hunde sind nicht so effektiv in dem, was sie tun. Sie lassen sich treiben, sind „Träumer“ und oftmals leicht von ihrem Tun abzulenken. Wölfe sind dagegen hart wie Nägel, sowohl im akuten Fall als auch langfristig hochkonzentriert und vor allen Dingen bis zur Selbstaufgabe kooperativ.

Hunde sind „Träumer“ und oftmals leicht von ihrem Tun abzulenken.

Für Hunde gilt diese Kooperationsbereitschaft eher in Beziehung zum Menschen. Bei den „Pizza-Hunden“ mussten die säugenden Mütter zum Beispiel ihre Welpen ganz alleine ernähren, unter Wölfen wäre das undenkbar. Das Rudel versorgt die Fähe zuverlässig am Bau und zieht später die Welpen gemeinsam groß, bringt ihnen das Jagen und korrektes Sozialverhalten bei. Für Hunde gilt: Hündinnen sind für Welpen ganz alleine verantwortlich, deshalb sterben die meisten freilebenden Hunde sehr jung. Sie jagen bis auf wenige Ausnahmen nicht kooperativ, unsere „Pizza-Hunde“ waren bei Rehen nur hin und wieder erfolgreich. Aber es wurde nicht deutlich, ob diese „Treffer“ durch Zufall oder eine echte Jagdstrategie erzielt werden konnten (siehe auch DVD „Die Pizza-Hunde. Faszinierende Freilandstudien an verwilderten Haushunden“).

Das besondere bei den „Pizza-Hunden“ war, dass die Prägungsphase der Welpen fast komplett ohne Menschen stattgefunden hat. Die Hunde waren für uns also wie ein Bindeglied zwischen ganz normalen Haus- und größtenteils freilebenden Hunden. Es gibt schon einige Studien an Straßenhunden, die untersucht haben, ob herrenlose Hunde als Rudeltiere agieren oder nicht.

Das Ergebnis: Hierarchische Strukturen sind sehr wohl vorhanden, die sich aber je nach Lebensraum unterschiedlich stark ausprägen. So finden wir beim Dingo im Nordosten Australiens eine richtige Rudelstruktur. Diese Wildhunde sind wieder zu Großwildjägern geworden,

Wie bei Wölfen orientieren sich auch bei Hunden jugendliche „Schnösel" an älteren Gruppenmitgliedern, die durch ihr souveränes, klares und freundliches Auftreten überzeugen.

deshalb macht es Sinn wie die Wölfe in Kleinfamiliengruppen zu leben. Dingos in touristisch stark frequentierten Gebieten wie etwa Frazer Island leben oft im Überfluss und sind an die Präsenz von Menschen gewöhnt – deshalb macht es an diesen Orten Sinn, auch alleine oder zu zweit herumzuziehen oder sich nur im Ausnahmefall zu größeren Gruppen zusammenzuschließen und Welpen in der Nähe menschlicher Infrastruktur zur Welt zu bringen.

Unsere „Pizza-Hunde" waren ein echtes Bindeglied, weil sie weder wie die Nordaustralischen Dingos fast ganz ohne Menschen lebten, noch Strandhunde waren, die sich von Touristen durchfüttern und am Bauch kraulen ließen. Leider haben „Extremtierschützer" verhindert, dass wir weitere wichtige Erkenntnisse gewinnen konnten. Natürlich wirkt es grausam, wenn wir einer Hündin nicht dabei helfen, ihre Jungen großzuziehen, aber die neutrale, nüchterne Betrachtung ist der einzige konstruktive Weg für guten Tierschutz. Nur wenn wir viel wissen, können wir optimal schützen! So konnten wir nachweisen, dass herrenlose Hunde keine Plage sind, wie oft behauptet, da sie sich ohne menschliche Unterstützung nicht wirklich vermehren können. Doch für manche Menschen steht im Vordergrund, dass unsere Tiere Zecken hatten und fast immer an Herzwurmbefall gestorben sind – und sie haben uns damit langfristig die Arbeit verdorben. Das ist die

Im Gegensatz zu Wölfen sind viele Hunde Lebenskünstler, die sorgenfrei in den Tag hineinleben dürfen.

Kehrseite der Medaille als Freilandforscher: Emotionales, schnelles Handeln ist oft kontraproduktiv, weil wir in natürliche Abläufe eingreifen und dadurch Erkenntnisse nicht gewinnen können, die letztlich für die Hunde positiv wären.

Als Fazit lässt sich festhalten, dass freilebende Hunde als Verhalten oft ein Mischmasch aus klassischem Wolfsbenehmen und „überhaupt nix mehr hinkriegen" zeigen. Der Erfolg einer Hunde-Gruppe hängt wahrscheinlich stark davon ab, welche Führungspersönlichkeiten sie hat und welche Individuen zusammenleben. Da auch Wölfe mit einer anderen Art kooperieren, nämlich Raben, lernen auch die, wenn sie lange genug mit Menschen zusammenleben, unsere Zeigegesten richtig zu deuten. Das hat Dr. Erich Klinghammer vom Wolf-Park schon vor etlichen Jahren feststellen können. Auf den Kern der Dinge bezogen heißt all das: Wölfe sind Wölfe und wollen es bleiben und Hunde sind im Großen und Ganzen ein Produkt des Menschen und wollen nicht in der Wildnis wirklich unabhängig leben. Natürlich ist es schön, mal ein paar Stündchen frei zu sein, um die Häuser zu ziehen oder im Dickicht einen Hasen zu hetzen. Aber wenn es eng wird und der Kampf um das knallharte Überleben anfängt, dann kommen sie ganz schnell ins gemütliche Heim zum Menschen zurück.

Forschungsstudie | Wie stark unterscheiden sich Rassen im Verhalten?

Die Daten zum Temperament und Verhalten von Rassen wurden durch Erhebungen der Organisation C-BARQ (Canine Behavioral Assessment & Research Questionnaire) gewonnen. Hierzu wurde Besitzern von insgesamt 8.645 Hunden 80 verschiedener Rassen ein Fragebogen vorgelegt, der von der University of Pennsylvania unter Mitarbeit von James Serpell entwickelt worden ist. Insgesamt mussten 101 Fragen beantwortet werden, die über typische Reaktionen der Rassehunde auf Reize, Ereignisse und Situationen aus der Umwelt Auskunft gaben.

Das Ergebnis: Es konnten signifikante Messwerte zu den Verhalteneigenschaften verschiedener Rassen gefunden werden, die in dieser Grafik deutlich werden:

Durch die Studie wurden besonders Hunderassen in den Fokus genommen, die zwischen 1926 und 2005 „Moderasse“ waren. Das Ergebnis: Positive Faktoren wie ein langes Leben oder gute Trainierbarkeit haben keinen Einfluss auf die Beliebtheit einer Rasse. (Fashion vs. Function in Cultural Evolution: The Case of Dog Breed Popularity. J. Serpell, S. Ghirlanda, A. Acerbi, H. Herzog, PLoS ONE 8(9): September 11, 2013)

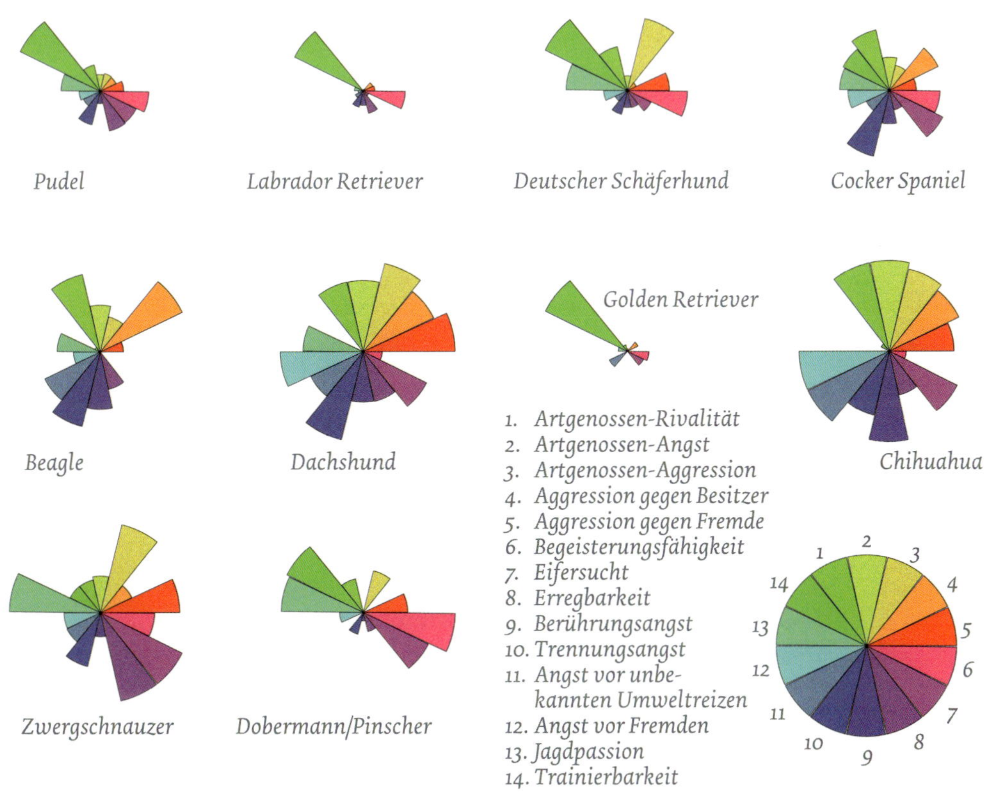

8. Braucht jeder Hund einen Chef?

Leitwölfe zeichnen sich durch Souveränität, Ruhe und Übersicht aus.

Hier lautet die erste und wichtigste Frage: Was ist ein guter Chef? In den letzten Jahrzehnten herrschte hier in Bezug auf Wölfe ein großes Missverständnis, denn vom sogenannten, stets männlichen „Alpha Wolf" wurde ein Führungsbild gezeichnet, dass vor allen Dingen eines war: patriarchisch und streng. Eigentlich waren diese Führungsfiguren ständig damit beschäftigt, andere Rudelmitglieder zu unterwerfen, um dadurch den eigenen Machtanspruch und hohen Sozialstatus zu sichern. Aggressives Gebaren wurde als notwendiges „Dominanzverhalten" betitelt. Entstanden ist dieses Bild wahrscheinlich durch Beobachtungen in Gehegehaltungen, doch selbst hier ist es schwer, solch eine tyrannische Herrschaft zu finden. Meine Freilandbeobachtungen haben gezeigt, dass Leitwölfe sich nicht durch Rauflust, sondern Eigenschaften wie Souveränität, Ruhe und Übersicht auszeichnen. Genau dafür werden sie von ihren Angehörigen bewundert. Klare, körperbetonte Unterwerfungsgesten haben sie sehr selten nötig. Mir ist aber noch eines im Laufe der Zeit klargeworden: Für ein gut funktionierendes Familiengefüge brauchen Wölfe vor allen Dingen eine gute Chefin. Im Verband operieren beide Partner auf Augenhöhe. Unsere langjährigen Statistiken zeigen, dass nur wenn Leitweibchen deutlich jünger sind als Leitrüden, sie sich ihnen gegenüber eher submissiv zeigen. Aber bei einem Unterschied von weniger als zwei Jahren verschwimmt diese Ungleichheit im Verhalten und die Weibchen treten selbstbewusst auf.

Für die Führung von Hunden bedeutet das: Ideal wäre es, wenn wir eine Art „Mama- und-Papa-Ersatz" wären. Studien haben ja gezeigt, dass die Mensch-Hund-Beziehung einer Eltern-Kind-Beziehung gleicht, Hunde sich also zum Beispiel in unserer Gegenwart sicherer fühlen (siehe Kotrschal, S. 72). Es ist also vollkommen in Ordnung, wenn Frauen und Männer unterschiedlich mit Hunden umgehen. Das eine ist nicht besser als das andere. Wenn beide Einflüsse vorhanden sind, macht es den Hund vollständiger. Auch bei Wölfen machen die Väter andere Sachen als die Mütter: Sie sind meist zuständig für die Gefahrenabwehr und -erkennung. Das lernen die Welpen vom Vater, das Führsorgeverhalten aber eher von der Mutter und weiblichen Babysitterinnen. Rüden versorgen zwar Welpen am Bau durch Hervorwürgen von Nahrung oder schleppen in den von mir beobachteten

Fällen Futter zu verletzten Tieren. Meine Vermutung ist aber: Das machen die Männchen wohl nur, um ihrer Partnerin zu gefallen. Die Verpflegung und das Kümmern ist viel häufiger die Sache von Weibchen und ihr Partner lässt sich anscheinend von ihnen „anstecken", sie möchten dann auch „mitmachen".

Auf unsere Beziehung zu Hunden bezogen heißt das konkret: Hunde brauchen Entscheidungsträger! Es gibt hierfür zwar noch keine quantitativ gesicherten Daten, aber wenn es bei wilden Kaniden so ist, dann liegt für mich die Schlussfolgerung sehr nahe, dass sie genau wie dort im Familienverband auch von uns eine soziale Unterstützung erwarten. Wir müssen absolut einschätzbar sein, ein klares und verlässliches Auftreten haben. Das ist der entscheidende Unterschied zwischen der altbackenen „Alpha-Theorie" und dem modernen „Leadership-Gedanken": Wenn ich Charisma und Beständigkeit vorlebe und damit den Wow-Effekt erziele, dann bin ich gut. Und ohne den Wow-Effekt bin ich nicht so gut, nicht so attraktiv für einen Hund und die Bindung ist eher lose. Hunde können keine Lebensberatung bieten, sie können uns in Lebenskrisen zur Seite stehen, aber wenn man sozio-emotional instabil ist, dann wird der Hund auch instabil im Wesen und seiner Bindung an diesen Menschen sein. Es ist ganz einfach so: Hunde lieben die Gefolgschaft an einen Menschen mit Plan, der im Leben zurechtkommt und weiß, was er will.

Eine bedeutende Erkenntnis für Bloch ist, dass Leitfähen wichtige Rollen im Familiengefüge übernehmen – und dies längst nicht nur beim Aufziehen von jungen Welpen.

Marc Bekoff:
Kann das Liebe sein?
Wie Hunde fühlen

Der Wissenschaftler im Porträt

Marc Bekoff ist neben Jane Goodall oder Frans de Waal einer der bekanntesten Ethologen der Gegenwart. Seit über 40 Jahren engagiert er sich in der Forschung und hat als einer der Ersten davon gesprochen, dass auch Tiere Emotionen, Fairness und Moralempfinden kennen. Dafür hat er besonders in seinen früheren Forscherjahren viel Spott und Häme ertragen müssen, denn Tiere als fühlende Wesen zu betrachten und sie entsprechend respektvoll zu behandeln galt in Washington zu Zeiten seines Studiums als unwissenschaftlich und sentimental. Hund, Ratte & Co. wurden als „Black Boxes" angesehen, die wie Maschinen nur auf Reize reagierten. Es war die gefühlskalte Zeit des „Behaviorismus", in dem keinem Lebewesen eine Persönlichkeit oder gar Gefühle zugestanden wurden, solange diese Zustände nicht bewiesen werden konnten. An dieser Sicht der Wissenschaft hat sich heute zum Glück viel geändert – auch dank Marcs beharrlichem Einsatz für eine mitfühlendere Sicht auf Tiere und den Fortschritt der Technologien. Denn mittlerweile lassen sich Emotionen wie Angst oder Glück über Hormone im Blut chemisch nachweisen. Doch Marc geht dieses emotionale Zugeständnis noch lange nicht weit genug, er ist sich sicher, dass seelische Bewegungen, die einer Reflexion bedürfen, bei Tieren ebenfalls vorhanden sind – zum Beispiel Trauer, Mitleid, ein Gefühl für Fairness oder Liebe. Einen statistischen oder biochemischen Beweis kann er hierfür nicht liefern, denn ein Vergleich dieser tiefen Gefühle fällt schon von Mensch zu Mensch schwer. Aber was er sammelt und auf seinen Vorträgen präsentiert, sind Videoaufzeichnungen von Tierpersönlichkeiten verschiedener Spezies, die sich in freier Wildbahn oder in Gefangenschaft oft selbstlos, fair und mitfühlend verhalten haben. Kritikern, die ihm fehlende Datenmengen als Beleg für seine Theorien vorwerfen, hält er charmant lächelnd entgegen, dass Forschung genau andersherum argumentieren müsse: „Solange die Existenz von Gefühlen, Bewusstsein und Moral bei Tieren nicht widerlegt werden kann, sollten wir besser davon ausgehen, dass sogar Ameisen über diese Fähigkeiten verfügen." Das Video als Mittel zur Dokumentation hat Marc Bekoff besonders am Anfang seiner Karriere dabei unterstützt, die differenzierte Gefühlswelt seiner Forschungsobjekte sichtbar zu machen: So konnte zum Beispiel die große Bedeutung

Im Zwiegespräch mit Hund: Marc Bekoff fühlt sich allen Lebewesen eng verbunden. Er ist Vorreiter in der Erforschung von Emotionen und tierischer Moral.

Der „Play Bow" stiftet gute Laune, fordert zum Spiel auf, verlängert Spielzeiten und besänftigt schlechtgelaunte Artgenossen.

des „Play Bows" erst durch Bekoffs akribische Filmanalysen deutlich werden. Dabei legt sich der Hund mit dem Vorderkörper auf den Boden, der Hinterkörper bleibt stehen. Diese Geste signalisiert einem Kaniden unverwechselbar den Beginn eines Spiels. Doch egal welchen Schwerpunkt seine Forschungen hatten, immer hat Marc versucht, ähnlich wie seine gute Freundin Jane Goodall, Tiere in freier Wildbahn zu erforschen. Zusammen gründeten sie die Gesellschaft „Ethologists for the ethical treatment of Animals" (Verhaltensforscher für die ethische Behandlung von Tieren, www.ethologicalethics.org) und machten sich stark für Verbesserung der Haltungsweisen für Tiere in Versuchslaboren. Doch anders als seine berühmte Freundin hat er sich zur Erforschung der Wurzeln der menschlichen sozialen und geistigen Fähigkeiten als einer der ersten Forscher nicht auf große Menschenaffen wie Schimpansen, sondern auf Caniden wie Kojoten oder Hunde konzentriert. Seine Argumentation für den Hund als Studienobjekt: Er war sich sicher, dass das Zusammenleben unserer Vorfahren in Sippen eine ähnliche Sozialstruktur hatte wie das Gruppenleben von Hund, Wolf oder Kojote. Heute sind viele Wissenschaftler seinem Beispiel gefolgt, der Hund ist fast schon zum Lieblingsobjekt der Verhaltensforschung geworden. Nach und nach entdecken wir, welche großen Talente im vertrauten Freund an unserer Seite schlummern, wie vielschichtig ihre emotionalen und kognitiven Fähigkeiten sind. Seinen Anfang genommen hat dieser Erkenntnisweg zur Seele der Tiere vor vielen Jahrzehnten, besonders durch die beharrliche Aufklärung, akribische und einfühlsame Arbeit von Marc Bekoff.

Fragen an Marc Bekoff

1. Was fasziniert dich an Hunden?

Hunde reflektieren uns sehr stark, wer und wie wir sind! Unsere Persönlichkeit, unsere Gefühle – ein Hund hält dir einen Spiegel vor und zeigt dir deine Stärken und Schwächen. Es sind anhängliche Freunde und wenn sie einfühlsam erzogen und aufgezogen werden, entwickeln sie diese Offenheit und Vertrauensseligkeit, die ich an Hunden so schätze.

Eine weitere herausragende Fähigkeit von Hunden ist ihre Ausdrucksstärke. Wenn wir ihre Interaktionen beobachten, können wir von ihnen unendlich viel lernen über das ehrliche Zeigen von Gefühlen und welche Reaktionen dies beim Gegenüber hervorruft. Diese Verhaltensstudien können auch für Kinder wunderbare Unterrichtsstunden sein über die Macht der Gefühle – einen Hund dabei zu beobachten, wie er einen anderen zum Spielen zu überreden versucht und vielleicht dabei scheitert und dann frustriert alleine an einem Stock kaut – wir Menschen können uns in diesen „Geschichten" wiederfinden. Besonders Kinder aber spüren diese Verbundenheit zur Natur und lernen die eigenen Gefühle auch beim Hund wiederzufinden und durch die „Einigkeit" Respekt gegenüber anderen Lebewesen zu entwickeln.

Wer sich Zeit nimmt, Hunde beobachtet und sich in ihre Wahrnehmung einfühlt, wird viele Gemeinsamkeiten entdecken können.

Das geht auch Erwachsenen so: Wenn wir Hunde beobachten, wie sie fröhlich am ersten warmen Tag des Jahres über eine Frühlingswiese springen, wenn wir Zeugen ihrer Missgeschicke oder ihrer Erfolgserlebnisse auf der Hundewiese werden – all diese Beobachtungen kitzeln in uns eigene Gefühle wach, bringen uns zum Lachen, Nachdenken über uns selbst. Und sie sorgen dafür, dass wir mit ihnen vor die Tür gehen, andere Menschen treffen, kennenlernen, den Wandel der Jahreszeiten, das Wetter, die Natur erleben – auch auf diese Weise helfen sie uns dabei, uns wieder stärker mit der Welt um uns herum zu verbinden. All das bereichert unser Leben. Als meine Mutter sehr krank war, da habe ich ihr einen kleinen Hund auf den Schoß gesetzt und nach einer langen Zeit habe ich sie plötzlich wieder Lächeln sehen. Einen ähnlichen Effekt können Hunde bei autistischen Kindern haben. Besonders in Extremsituationen schaffen Hunde, woran wir Menschen scheitern: bei traumatisierten oder kranken Personen Emotionen zu wecken und dabei zu helfen, sie wieder zeigen zu können. Auch Pferde oder Katzen können dies leisten, aber Hunde sind hier einfach besonders geeignet – vielleicht bedingt durch die lange Domestikation haben wir eine besonders enge Beziehung zu Hunden und sie können deshalb schnell Emotionen in uns wecken. Dabei fasziniert mich immer wieder, wie sehr Hunde darauf vertrauen, dass wir Menschen nett zu ihnen sind – das steckt in ihren Genen. Sie rechnen einfach nicht damit, dass man ihr Vertrauen missbrauchen und sie schlecht behandeln könnte.

Hunde bringen uns zum Lachen und zum Nachdenken über uns selbst.

2. Auch Dank deiner Forschungen sind sich Wissenschaftler heute einig, dass Tiere Emotionen und Gefühle haben. Gibt es hier eigentlich noch viel Neues zu erforschen?

Oh ja, denn es gibt immer noch viel, was wir noch nicht wissen – gerade hat man zum Beispiel herausgefunden, dass Hühner sich in die Gefühlswelt ihres Gegenübers versetzen können, also über die Fähigkeit zur Empathie verfügen. Deshalb ist es so wichtig, dass wir weiter offen bleiben und Gefühle sogar bei Insekten erwarten – wir wissen es nicht und deshalb sollten wir diese Tür offen halten.

Bei Hunden sind wir an dem Punkt, an dem wir über die Existenz komplexer Gefühle wie Scham, Schuld oder Neid diskutieren. Diese sogenannten sekundären Emotionen konnten bislang größtenteils noch nicht nachgewiesen werden. Aber bedeutet dieser Umstand, dass sie deshalb nicht vorhanden sind? Es spricht eigentlich kein solider biologischer oder evolutionärer Grund dagegen, dass sie es können. Wahrscheinlich ist, wie schon Darwin gesagt hat, nicht die Frage nach der Existenz der Emotion angebracht, sondern es ist eher ein gradueller Unterschied vorhanden.

Seit seiner Emeritierung reist Marc um die Welt, hält Vorträge, schreibt Essays und Bücher und freut sich über Besuch von Nachbarhunden.

3. Wenn wir erleben, dass ein Kollege mehr Gehalt bekommt oder mehr Anerkennung für Leistungen, die wir auch erbringen, dann erleben wir ein Gefühl von Neid. Kennen Hunde das auch?

Die Welt steckt voller Ungerechtigkeit und deshalb ist es kein Wunder, dass wir schon in früher Kindheit unsere Geschwister für den letzten Joghurt im Kühlschrank beneiden oder auf die Zuneigung durch unsere Mutter eifersüchtig reagieren. Ungerecht behandelt kann man sich in ähnlichen Situationen auch im Tierreich fühlen – aber bei diesen Gefühlen handelt es sich ähnlich wie bei Stolz oder Scham um komplexe innere Zustände, die einer Reflexion oder zumindest Erfahrungswerten bedürfen und deshalb von unterschiedlichen Spezies verschieden erlebt werden. Aber wahrscheinlich erleben schon wir Menschen sie auf sehr unterschiedliche Weise und dann stellt sich die Frage, ob wir sie zwischen den Arten vergleichen können. Sicher ist, dass zum Erleben dieser Emotionen höherstehende kognitive Prozesse nötig sind – so müssen wir zum Beispiel wahrnehmen können, wie viel jemand vom Kuchen bekommt, um es in Relation zu dem setzen zu können, was wir abbekommen haben. Erst danach können wir feststellen, ob wir ungerecht behandelt wurden. Bei Primaten wie Schimpansen, Pavianen oder Kapuzineraffen wurden mehrfach Studien durchgeführt, die ein deutliches Verständnis für ungerechte Behandlung zeigten. Der Versuchsaufbau ist immer ähnlich: Die Tiere werden für die gleiche Aufgabe unterschiedlich belohnt und dann wird geschaut, wie die Benachteiligten auf ihr Schicksal reagieren. Auch Hunde sind hochsoziale Lebewesen und können im Gruppenleben ungerechte Behandlung erfahren. Friederike Range hat untersucht, ob Hunde in ungerechten Situationen Zeichen von Neid und Eifersucht zeigen.

Das Ergebnis: Sie kennen Neid, aber erleben ihn in einer anderen Komplexität – wo wir wieder bei Darwin sind mit seiner These von eher graduellen Unterschieden beim Erleben der Emotionen.

Forschungsstudie | Kennen Hunde Neid und Eifersucht?

Das Forscherteam der Universität Wien hat unter Leitung von Friederike Range erforscht, ob nicht nur Primaten, sondern auch Hunde neidisch werden können. Dazu setzten sie zwei Hunde nebeneinander, die gelernt hatten, auf Kommando die Pfote zu heben. Die beiden Testkandidaten wurden von den Forschern jeweils als Versuchs- und

Kontrolltier eingeteilt und sehr ungerecht für ihre Vorführung belohnt: Während das Kontrolltier für seine Vorführung ein Brot- oder sogar Wurststück bekam, ging der Versuchshund immer leer aus. Alle Versuchshunde beobachteten die ungerechte Belohnung mit zunehmendem Entsetzen (Zeichen von Stress und Ärger), nach einigen Versuchsdurchgängen schienen sie regelrecht beleidigt. In weiteren Testdurchläufen wurden beide Hunde fürs Kunststück belohnt, allerdings mit unterschiedlich wertvollen Leckereien. Hier zeigte sich ein deutlicher Unterschied zu Kapuzineräffchen, denn die offensichtliche Diskrepanz zwischen einem Stück Wurst und einem Stück Brot schien die Hunde nicht so stark zu stören, als dass sie deshalb die Zusammenarbeit verweigert hätten. Kapuzineräffchen und Schimpansen reagieren dagegen auf Ungerechtigkeiten sehr sensibel und bewerfen im Zweifelsfall den Versuchsleiter sogar mit der weniger wertvollen Belohnung! Hunde bemerken also nur, wenn sie leer ausgehen, also generell „unfair" behandelt werden. In Gegenversuchen wurden die Hunde ohne Partner getestet und zeigten sich trotz fehlender Belohnungshappen viel kooperativer. Fehlte ihnen der Vergleich zum Nachbarshund, war ihnen die Sache mit der Belohnung also weniger wichtig – ähnlich wie wir so lange glücklich mit unserem neuen Auto sind, bis unser Nachbar sich ein viel schöneres gekauft hat. Die Forscher sehen die festgestellte Fähigkeit bei Hunden als einen evolutionären Vorboten des Neidgefühls der Primaten.

Neid? Bekommt nur der Nachbar eine leckere Belohnung, reagieren Hunde darauf mit Stress und haben deutlich weniger Spaß bei der Arbeit.

Marc setzt sich auf angenehm fröhliche Weise dafür ein, andere Kreaturen als fühlende Lebewesen statt als Nutztiere zu betrachten.

4. Weiß mein Hund, wie ich mich fühle?

Ja, ich glaube schon. Besonders wenn die Bindung an einen Menschen eng ist, reagieren Hunde mit besonderen Signalen auf Fröhlichkeit oder Trauer. In einer aktuellen Studie haben Londoner Wissenschaftler untersucht, ob Hunde sich anders verhalten, wenn Menschen ruhig miteinander reden, plötzlich anfangen zu summen oder traurige Signale wie Schluchzen von sich geben.

Das Ergebnis: Während sie sich bei einem normalen Gespräch oder Summen neutral verhielten, suchten die Hunde zu weinenden Personen Kontakt (siehe Forschungsstudie). Manche Wissenschaftler vermuten in dieser Reaktion schlicht eine Spiegelung unseres Verhaltens, weil sie dabei ähnliche Signale des Unwohlseins zeigen, zum Beispiel hängende Ohren und einen eingeknickten Rücken. Das würde bedeuten, dass die Annäherung nicht mit dem Ziel, uns zu trösten, sondern nur aus „Eigennutz" geschehen würde, nämlich um sich selbst zu beruhigen. In der Londoner Studie wurde aber deutlich, dass sie auf unterschiedliche Gefühlsäußerungen von Menschen verschieden reagieren und sich auch einem weinenden Fremden nähern, wenn der Besitzer anwesend ist. Sollte der Hund wirklich selber Schutz suchen, wäre der Besitzer als vertraute Person besser geeignet, denn in einer anderen Studie von Friederike Range aus Wien konnte gezeigt werden, dass Hunde wie Kinder bei ihren Menschen Unterstützung in schwierigen sozialen Situationen suchen (siehe Kurt Kotrschal, S. 85).

Forschungsstudie | Will mein Hund mich trösten?

Die Psychologinnen Deborah Custance und Jennifer Mayer vom Goldsmiths College in London wollten untersuchen, ob Hunde tatsächlich Gefühle verstehen, und konfrontierten Hunde mit weinenden Menschen. Dazu besuchten sie 18 Hunde und ihre Besitzer in deren Zuhause. Bei ihrer Ankunft ignorierten die Versuchsleiterinnen die Hunde, damit sie möglichst wenig Interesse an ihnen entwickelten. Dann verhielten sich die Forscherinnen und Besitzer auf dreierlei Weise: sie unterhielten sich, begannen abwechselnd zu summen oder zu weinen. Die Forscherinnen vermuteten, dass Anteilnahme gezeigt werden würde, wenn die Hunde sich für das Weinen mehr interessieren als für sich selbst, indem sie mit Verhalten wie Lecken, Fiepen, Kopf-auf-den-Schoß-Legen oder ähnlichen Verhaltensweisen reagieren würden. Von 18 Hunden näherten sich 15 ihrem Besitzer oder der Forscherin während der „Wein-Einheiten", nur sechs näherten sich während des Summens. Daraus schließen die Forscherinnen, dass es emotionale Betroffenheit und nicht Neugierde ist, die den Hund dazu veranlasst, sich der traurigen Person zu nähern. Entsprechend kamen die Hunde immer der weinenden Person nahe und nicht der ruhigen oder dem eigenen Besitzer. Dies könnte bedeuten, dass der Hund nicht Unterstützung in der für ihn merkwürdigen Situation suchte, sondern selber geben wollte.

Eine weitere Beobachtung der Psychologinnen war, dass 13 der 15 Hunde bei der Annäherung an weinende Personen unterwürfige Verhaltensweisen wie Lefzenlecken oder eine gesenkte Kopfhaltung zeigten. Aus diesen Ergebnissen schließen die Forscherinnen, dass Hunde auf Weinen und Tränen abweichend reagieren als auf andere Verhaltensweisen. Ob es sich dabei um ein Mitfühlen von Schmerz handelt, ist aber weiterhin unklar. Custance und Mayer geben zu bedenken, dass es auch sein könnte, dass Hunde gelernt hätten, dass sie Aufmerksamkeit bekommen, wenn sie sich einer weinenden Person nähern. Um sich mit dem Ergebnis sicher sein zu können, müssten weitere Studien durchgeführt werden, die dann auch zeigen könnten, ob eventuell verschiedene Rassen unterschiedlich intensiv reagieren.

Custance, Deborah & Jennifer Mayer (2012): Empathic-like responding by domestic dogs (Canis familiaris) to distress in humans: an exploratory study. Animal Cognition. September 2012, Volume 15, Issue 5, pp 851-859.

Aber ich denke, Hunde können nicht nur wahrnehmen, wann wir traurig oder fröhlich sind, sondern auch wie gestresst wir sind. Wahrscheinlich hat es etwas mit Pheromonen zu tun. Das sind Hormone, die wir in bestimmten Situationen ausstoßen und die Hunde viel besser riechen können als wir. Spannend ist hier, dass Pheromone eigentlich zur Informationsübermittlung innerhalb einer Art dienen, Hunde aber anscheinend auch unsere Pheromone als Kommunikationshinweis nutzen, um uns besser verstehen zu können. Sie überspringen hier also die Artgrenze in der Kommunikation, wie sie es auch schon in anderen Kommunikationsbereichen machen (siehe Dorit Feddersen-Petersen, S. 181). Eventuell stresst dieser Geruch den Hund und vielleicht sucht er die Nähe zur betroffenen Person, damit sich beide gegenseitig beruhigen können? So könnte es eine „Win-win-Situation“ für beide Seiten sein … Hunde und Menschen sind beide Säugetiere, wir teilen die gleichen Strukturen im limbischen System unseres Gehirns, das für die Verarbeitung von Emotionen zuständig ist. Warum sollten sie nicht in der Lage sein, unsere Gefühle wahrzunehmen und passend darauf zu reagieren?

Langgezogene Lefzen und die glatte Stirn signalisieren dem Spielpartner Entspanntheit, deshalb darf hier ruhig spielerisch geknurrt werden.

5. Macht Spielen und Kuscheln Hunde und Menschen glücklich?

Wie immer können wir nicht sicher sein, aber da wir ja die gleiche neuronale Basis für Gefühle haben, kann ich mir vorstellen, dass es sich für beide gut anfühlt – wir fühlen uns glücklich und fröhlich. Aber ob es in diesen Momenten exakt das gleiche Glücksgefühl ist, das können wir nicht wissen. Aber was spielt das für eine Rolle? Unterschiedlich zu fühlen, bedeutet nicht, dass unser Spielpartner nichts fühlt. Generell finde ich, dass wir zu viel über Zustände nachdenken und zu wenig mit unseren Hunden herumalbern und spielen. Dafür trainieren wir oft viel zu ernsthaft mit ihnen. Ich rate immer eher dazu, beides nicht zu trennen, sondern zu mischen: Statt eines zielgerichteten Trainings sollten Menschen mit ihren Hunden besser spielerisch lernen – ein gutes Training ist dann auch keine strenge Erziehung mehr, sondern eine Bereicherung für den Hund und macht uns beiden Spaß! Und genauso oft können wir einfach mal ohne Sinn und Ziel spielen – ohne Angst haben zu müssen, dabei unsere Autorität einzubüßen. Hunde lieben Chefs, die Spaß verstehen. Ganz nebenbei lernen wir beide sehr viel fürs Leben (siehe auch Alexandra Horowitz, S. 53).

Spielen mit vertrauten Spielpartnern trainiert für den Ernstfall, stabilisiert Bindungen, sorgt für Zusammenhalt in der Gruppe, macht Spaß und dadurch glücklich!

Spiel stärkt Körper und Geist, fördert Kreativität und soziale Kompetenzen werden vielschichtig.

Wenn ein Wolf im Schnee zum Beispiel immer wieder auf dem Rücken einen Berg herunterrodelt (siehe Günther Bloch, S. 22), dann hat er dabei bestimmt einfach nur Spaß – trainiert aber auch für ungewohnte, neue Situationen. Verhaltensforscher nennen diese Spielfunktion das „Training für das Unerwartete". Aber Spiel stärkt uns und unsere Hunde noch viel mehr: Wir trainieren unseren Körper und Geist, fördern Kreativität und unsere sozialen Kompetenzen werden vielschichtiger. Immer wieder werde ich gefragt, woran wir denn Spiel erkennen können. Ganz vorne stehen die Spielsignale wie der „Play Bow", bei dem der Hund mit seinem Vorderkörper auf den Boden geht, die Beine lang vor ihm ausgestreckt, der Hintern hoch erhoben. Hunde möchten auf diese Weise sicher gehen, dass ihr Gegenüber versteht, dass von nun an alle Aktionen spaßig und nicht ernst gemeint sein sollen. Falls das Spiel mal kippt und plötzlich Ernst daraus wird, dann ist das nicht weiter schlimm: Hunde sind wenig nachtragend und nicht schnell beleidigt. Sie klären kurz, was genau für sie ein schönes Spiel ist und wann Grenzen überschritten werden; danach wird dann nach diesen neuen Spielregeln schnell einfach weitergespielt. Ich konnte in solchen Situationen dabei beobachten, wie Hunde den „Play Bow" anscheinend auch nutzen, um sich zu entschuldigen, wenn sie zum Beispiel zu grob waren – mit dem Versprechen, das Spiel danach vorsichtiger fortzusetzen.

Ganz wichtig für ein echtes Spiel ist auch der Rollenwechsel, also wenn der Jäger zum Gejagten wird oder der Chef auf dem Rücken liegt und „erlegt" wird. Dabei wird die Spielstimmung immer wieder durch kurze „Zwischenchecks" überprüft, um Kampf-, sexuell motivierte oder Jagdeinheiten im Spiel unterscheidbar zu machen. Ich sehe diese klaren Spielregeln als Zeichen dafür, dass Hunde Fairness kennen, denn sie verhalten sich während des Spiels eindeutig anständig – sie laden sich freundlich zum Spiel ein, benehmen sich angemessen und entschuldigen sich, falls sie über die Stränge geschlagen haben. Bei Kojoten konnte ich beobachten, dass unfaires Verhalten zum Nachteil für Caniden ist – ein Tier, dass sich immer ungerecht und zu seinem Vorteil verhält, wird immer seltener zum Spiel eingeladen und nach und nach von der Gruppe ausgeschlossen. Ich denke schon, dass wir hier im Spiel der Hundeartigen die evolutionären Wurzeln für unsere eigene menschliche Fairness und Moral finden können.

6. Kennen Hunde denn die Bedeutung von Richtig und Falsch, haben sie eine Vorform von Moral?

Ich denke schon – sie lernen sofort, was wir toll und doof finden, kennen die Hausregeln also theoretisch auswendig. Theoretisch, weil sie sich meist daran halten, solange wir vor Ort sind und sie im Blick haben. Doch weil Hunde natürlich gerne ihre Freiheiten erweitern oder Futterrationen verdoppeln möchten, geben sie besonders dann der Versuchung nach und klauen den Braten vom Tisch oder durchwühlen Mülltonnen, wenn wir das Haus verlassen haben oder abgelenkt sind, uns zum Beispiel angeregt am Telefon unterhalten. Erwischen wir sie dabei, dann zeigen sie sich unterwürfig, weil sie gelernt haben, dass uns diese Aktionen wütend machen. Aber haben sie wirklich Gewissensbisse? Wir wissen es nicht genau (siehe Alexandra Horowitz, S. 60) – mit Sicherheit haben sie aber gelernt, dass ein unterwürfiges Verhalten uns in dieser Situation milde stimmen kann.

Im Buch „Wild Justice“ (Vom Mitgefühl der Tiere, Kosmos-Verlag) haben meine Mitautorin Jessica Piers und ich „Moral“ definiert als eine feste Folge von Verhaltensweisen, die soziale Interaktionen regulieren und kultivieren. Dazu zählt Altruismus, also die Selbstaufgabe zugunsten der Gruppe oder eines anderen Individuums, Toleranz, Vergebung, das Prinzip der Gegenseitigkeit und Fairness.

Hunde beobachten viel und lernen schnell dazu. Rückzug und traurig gucken erweist sich zum Beispiel als gute Idee, um bei Konflikten schnell wieder Frieden zu stiften.

Es wurde immer wieder beobachtet, wie sich wilde Kaniden selbstlos verhalten, um zum Beispiel Familienmitglieder zu retten (siehe Günther Bloch, S. 14, 22), bei Hunden kann man sehen wie sie trotz extremer Größenunterschiede sehr vorsichtig und angepasst miteinander spielen und wie sie sich nach Konflikten gegenseitig wieder vergeben, indem sie Nähe und Körperkontakt zueinander suchen – und zwar von beiden Seiten, der Gewinner ebenso wie der Verlierer! Diese feine und faire Kommunikation unter Kaniden hat eine zentrale Bedeutung für ihr Gemeinschaftsleben: Verhält sich zum Beispiel ein Kojote regelwidrig und verletzt oder enttäuscht seine Gruppenmitglieder immer wieder, dann wird er ja langfristig aus der Gruppe verstoßen. An dieser Stelle beginnt für mich Moral: wenn Lebewesen in ihrem Handeln aufeinander Rücksicht nehmen und sich an Spielregeln halten. So wird Interaktion kultiviert und reguliert und es entsteht ein erstes Verständnis für Richtig und Falsch.

Für die Entwicklung von Fairness im Rudel und damit dem erfolgreichen Überleben der Gruppe kommt dem Spiel eine wichtige Rolle zu, wie schon oben gesagt. Denn im scheinbar sinnlosen Herumgealber folgen Kaniden einem strikten Verhaltenskodex. So trainieren schon Welpen soziales Engagement: Zunächst werden durch das Spiel zwischen den Gruppenmitgliedern vertrauensvolle Beziehungen aufgebaut, man lernt Stärken und Schwächen der verschiedenen Persönlichkeiten kennen. Daraus erfolgt dann später eine Arbeitsteilung. So wird das eine Rudelmitglied zum geduldigen Babysitter, das andere hat viel Ausdauer und ist gut in Langstreckenjagden. Dadurch kann die Kooperation beim Jagen perfektioniert werden und es bilden sich Hierarchien. Je harmonischer und inniger die soziale Gruppe ist, desto erfolgreicher ist die Territoriumverteidigung und Aufzucht von Jungen.

Diese hohe soziale Organisation und der Gruppenzusammenhalt ähneln laut der Beschreibung von Anthropologen wahrscheinlich der Lebensweise unserer frühen Vorfahren. Das Studium der Kaniden-Gesellschaften und besonders des Spiels kann deshalb einen Einblick in die Entwicklung von Fairness und moralischen Vorstellungen unserer Ahnen aus der Steinzeit ermöglichen. So könnte Loyalität und effektive Arbeitsteilung letzten Endes dafür gesorgt haben, dass sich nicht nur Kaniden, sondern auch unsere eigene Spezies so erfolgreich weltweit ausbreiten konnte (siehe auch Kotrschal, S. 82).

Spiel trainiert soziale Regeln. Werden Grenzen überschritten, erfolgt die Maßregelung kurz und eindeutig, danach kann der Spaß weitergehen.

7. Den meisten Menschen fällt es leicht, nett zu ihrem Hund zu sein. Aber was ist, wenn es zum Konflikt kommt – verstehen Hunde menschliche Wut und wie sollte eine „Bestrafung" für Missetaten aussehen, damit Hunde aus ihr lernen können?

Ein unerwünschtes Verhalten abzubrechen und auch zu bestrafen ist bei sozial lebenden Tieren vollkommen normal. Besonders bei Kaniden wie Kojoten, Wölfen und Hunden greifen Erwachsene ein, wenn zum Beispiel zu grob gespielt oder sogar gemobbt wird, Jungspunde sich also unfair verhalten. Sie „sprengen" dann gerne die raufende Gruppe, indem sie forsch zwischen die Streithähne marschieren und sie auf diese Weise auseinandertreiben. Besonders hartnäckige Rabauken, die Erwachsene austesten, werden auch umgeworfen und müssen sich kurzfristig „ergeben". So werden der Konflikt und auch der Rang des Alphatieres kurz und eindeutig geklärt, ohne dass es zu Verletzungen kommt. Danach kann der Alltag wieder ganz normal weitergehen. Kein Kanide hat ein Problem damit, Rudelregeln beigebracht zu bekommen, im Gegenteil: Die Bewältigung von Konflikten stellt einen wichtigen

Im Spiel lernen Welpen „richtiges" und „falsches" Verhalten.

Lernprozess besonders für junge Hunde dar. Deshalb kann es einem manchmal sogar so vorkommen, als wenn junge Hunde auch gegenüber Menschen Reglementierungen regelrecht „einfordern". Viele Menschen sind damit überfordert, denn es ist viel schöner, zu einem Wesen, das man liebt, liebevoll sein zu dürfen. Wie genau wir eingreifen sollen, kann ich nicht für jeden Einzelnen sagen, denn auch Tiere kennen in ihren sozialen Verhaltensweisen nicht nur Schwarz und Weiß. Sie passen die Intensität und Art und Weise der Maßregelung genau der Situation, dem Vergehen und der Persönlichkeit des Halunken an. Aber ausweichen sollten wir einem Konflikt nicht. Nehmen wir das Beispiel „Spiel": Es dient ja gerade dem Trainieren sozialer Regeln. Hier lernen Welpen sehr schnell die Grundlagen hündischer Fairness, also was genau in der sozialen Gruppe „richtiges" und was genau „falsches" Verhalten ist. Beißt uns ein Welpe beim Spiel zu fest in die Hand, dann können wir laut quieken – die meisten Junghunde verstehen sofort, was dies bedeutet, und passen ihre Bissstärke unserer Hautempfindlichkeit an. Aber wenn ein kleiner Raufbold uns testen möchte, könnte er auch auf die Idee kommen, sogar noch fester zuzubeißen. In diesem Moment dürfen wir den Welpen auch wegstoßen. Es ist richtig und alles andere als unmoralisch, wenn Hundehalter sich ihren jungen Hunden gegenüber wie eine Hundemutter benehmen, um ihm wichtige soziale Regeln beizubringen. Im Gegenteil, die Wurfkiste ist eine sehr gute Lehrstube! Wenn wir Kanidenmüttern und -vätern dabei zusehen, wie sie ihre Welpen erziehen, können wir viel lernen! Wenn Welpen frech oder unfair werden, wird hier sehr, sehr eindeutig kommuniziert. Wie wir das genau nennen, ist letztendlich egal, „Bestrafung" ist vielen heute zu negativ behaftet, deshalb benutzen einige Trainer lieber das Wort „Verhaltensabbruch". Aber am Ende sollte das Ergebnis das Gleiche sein: Der Welpe versteht besser, was er darf und was verboten ist, weil wir es ihm auf hundeart – nämlich schnell und eindeutig – beibringen. Ganz wichtig: Danach gibt es keinen Liebesentzug! Im Gegenteil, Hundeeltern lieben ihre Welpen nach einer Bestrafung genauso wie vorher und zeigen ihnen das auch – meist weil der Welpe alles andere als verschreckt ist, sondern fast schon aufdringlich wieder ihre Nähe und Liebe sucht. Auch dieses Versöhnungsangebot des jungen Hundes sollten wir nicht ausschlagen und ihn nicht zu übertrieben, aber doch liebevoll wieder wahrnehmen.

8. Was wünschen sich Hunde von der Beziehung zu uns Menschen?

Ich weiß es nicht genau, aber ich vermute, dass sich unsere Bedürfnisse in Beziehungen ähneln. Mensch und Hund sind Gruppentiere und sehnen sich nach engen Bindungen, nach Nähe, Vertrautheit und sozialer Unterstützung in schwierigen Situationen. Sie fühlen sich stark und werden selbstbewusst, wenn sie im Team erfolgreich arbeiten dürfen. Aber am wichtigsten ist bestimmt das Grundbedürfnis aller Lebewesen, in Frieden und Sicherheit zu leben. Dazu kommt, dass sie ihren natürlichen Bedürfnissen nachgehen können müssen! (Siehe Alexandra Horowitz, S. 57). Ausgiebig mit der Nase die Welt zu erschnuppern, spielen mit uns und Artgenossen, Freundschaften zu anderen Tieren und Menschen schließen können, jeden Tag genießen, viele schöne Erlebnisse haben, gemeinsame Abenteuer bestehen – all das macht Hunde und auch uns glücklich. Das können wir übrigens von ihnen lernen: jede Situation zu nehmen, wie sie kommt, und das Beste aus ihr zu machen. Und viel mehr auf das zu hören, was wir wirklich gerne tun, und es dann auch zu tun – Hunde leben uns das herrlich vor, wir müssen es nur nachmachen!

Inspiration und Zeit für Beobachtungen findet Marc in seinem einsam gelegenen Zuhause in Colorado/Boulder, an den Ausläufern der Rocky Mountains.

Alexandra Horowitz: Wie sieht ein Hund die Welt?

Die Wissenschaftlerin im Porträt

Eigentlich ist Alexandra nicht nur Biologin, sondern auch Schriftstellerin. Denn die Professorin für Psychologie, Verhaltensforschung und Kaniden-Kognition am Barnard College der Columbia University in New York City hat die besondere Gabe, uns als Leser ihrer Bücher mehr zu bieten als „nur" wissenschaftliche Abhandlungen, sie nimmt uns mit auf Reisen in die Welten anderer Lebewesen. Ihre Faszination für den Blickwinkel anderer Menschen und Tiere steckt an. Infiziert möchten wir mehr davon erfahren, wie andere Tiere und Menschen die Welt sehen und begreifen. Die „Anderen", das können Forscher sein wie sie selbst, Neurologen zum Beispiel oder Psychologen, aber auch Krankengymnasten oder Kleinkinder oder eben ein Hund. Vorzugsweise ihr eigener Hund, meistens ist die Rede von Pumpernickel oder Finnegan, mit denen sie durch den New Yorker Stadtteil Manhattan streift. Hier versucht sie nachzuspüren, was Hunde erleben: was genau ihnen an Häuserecken in die Nasen weht; oder warum sie manche Menschen freudig begrüßen, während ihnen andere nur ein höfliches Wedeln wert sind. In den USA hat Alexandra Horowitz wegen ihrer unkonventionellen Mixtur aus wissenschaftlicher Neugierde und Schreibgeist mittlerweile eine Art Starstatus erreicht. Ihr Buch „Inside of a Dog" wurde in 13 Sprachen übersetzt, auch an ihrem neuestes Werk „ On looking: Eleven Walks with Expert Eyes" arbeiten bereits sechs Übersetzer verschiedener Nationalitäten. Die Botschaft ihrer Bücher ist so einfach wie erhellend: Die Welt durch die Augen eines anderen zu betrachten erweitert unseren Horizont! Angefangen hat ihre Erkundungstour in die Köpfe anderer Lebewesen bei Spaziergängen an der Seite ihrer Hündin Pumpernickel. Immer genauer schaute sie hin, wie ihre Hündin die Welt entdeckte, welche Stellen sie mit großem Interesse erschnupperte, wie stark Winde auf Hundenasenhöhe wehen und welche Geräusche entstehen, wenn Birken- oder Eichenblätter über Asphalt treiben. Aber nicht nur zum Schreiben hat sie die Perspektive aus Hundesicht inspiriert, auch ihre weltweit beachteten Forschungsarbeiten gehen zum großen Teil auf das Konto der Pudelmixdame oder von Finnegan. In ihrem eigenen „Dog Cognition Lab" in New York erforscht Alexandra das Spielverhalten und die kognitiven Fähigkeiten der Hunde. Dabei war sie zu Beginn gar nicht auf den Hund festgelegt.

Alexandra mit ihrem Hund Finnegan, der sie immer wieder mit neuen Einblicken in die Welt der Hunde beschenkt.

Für ihre Studien war sie auf der Suche nach einer Spezies, die preisgünstig zu halten ist und viel spielt. Bei einer Gassirunde durch den Hundepark ging ihr dann irgendwann das Licht auf: Sie realisierte, dass sie die gesuchte Tierart selber an der Leine spazieren führte! Hunde waren überall anzutreffen (= preisgünstig) und sie liebten kaum etwas so sehr wie Tobereien mit Artgenossen und ihren Besitzern! Doch was so einfach schien, stieß in den 90er Jahren auf viele Vorbehalte. Der Grund: Es gab bis dahin kaum Forscher, die Hunde als Studienobjekt ins Visier genommen hatten. Hunde galten als nicht erforschbare, „unechte" Art, denn sie werden viel zu sehr durch Menschen und Rasseeigenschaften beeinflusst, als dass man ihre Leistungen vergleichend bewerten könnte. Doch Alexandra erkannte schnell, wie talentiert Hunde sich besonders in der Lösung sozialer Aufgaben zeigten, und entwickelte ähnlich wie Ádám Miklósi in Budapest Studien, die eine verallgemeinernde Aussage zu den Leistungen der Hunde ermöglichten. Aber auch das andere Ende der Leine wird untersucht: Wie wir mit Hunden leben, wie wir sie verändern in ihrem Aussehen und Verhalten – all diese Fragen sind Schwerpunkte ihrer Studien. Mit jeder neu gewonnenen Erkenntnis wurde der Wissenschaftlerin im Laufe ihrer Tätigkeit deutlicher, wie vertraut wir mit Hunden leben – und wie wenig wir trotzdem über sie wissen. Vor zwei Jahren hat Pumpernickel Alexandras Leben verlassen, heute lebt sie mit ihrem Mann, ihrem kleinen Sohn und den zwei neuen Hunden Finnegan und Upton im New Yorker Stadtteil Manhattan.

Die Geruchswelt der Hunde ist für uns Menschen kaum vorstellbar.

Fragen an Alexandra Horowitz

1. Was erlebt ein Hund bei Gassi-Runden?

Ich wünschte, ich wüsste es genau! Aber ich denke, er riecht, was kurz vorher passiert ist – zum Beispiel was auf die Straße heruntergefallen ist. Vielleicht weiß er, dass das Stück Papier von dem Menschen stammt, der ein Stück weiter vorne vor uns läuft, oder ob ein Blatt ganz frisch auf dem Asphalt gelandet ist oder schon ein paar Stunden dort liegt. Am Urin eines Artgenossen oder auch Menschen erkennt er vielleicht die Identität oder Gesundheit oder was er zum Frühstück gegessen hat. Er erlebt den Wind, der unten um die Hausecke streicht und der ihm Duftkombinationen aus verschiedenen Geruchsquellen in die Nase weht. Deshalb weiß er wahrscheinlich schon vorher, was ihn hinter dem nächsten Häuserblock erwarten könnte. Diese geruchliche Komponente bei seiner Wahrnehmung der Welt ist, denke ich, enorm wichtig. Leider wird sie von vielen Menschen nicht genügend gewürdigt, weil wir Düfte der Welt im Vergleich zum Hund nur rudimentär wahrnehmen. Es ist aber so wichtig, Hunde viel riechen zu lassen – bei aller Beschäftigung sollte ein Spaziergang am Tag ganz ohne Stress sein, der Hund sollte auch uns einmal führen, wohin er möchte, und ausgiebig schnuppern dürfen! Ich glaube nicht, dass Hunde uns dann gleich dominieren wollen. Wir sind ein Familien-Rudel, in dem ich meistens alles kontrolliere – wann es Futter gibt, wann wir aufstehen und rausgehen. Ihm dann zu erlauben zu riechen, seine Welt zu genießen, ist das Kleinste was wir tun können, um ein bisschen etwas von dem zurückzugeben, was wir bekommen. Sie geben uns ehrliche Liebe, freuen sich immer uns zu sehen, möchten kooperativ an allen unseren Plänen teilnehmen. Durch ihre ständige Zuneigung fühlen wir uns besser, der Blutdruck wird nachweislich reduziert, wir fühlen uns glücklich – da möchte ich mich ein bisschen erkenntlich zeigen und seine Natur respektieren. Auch der Kontakt zu Artgenossen muss täglich möglich gemacht werden. Spannend finde ich immer wieder, wie es manchmal mit einigen Hunden von Anfang an problematisch läuft, mit anderen Artgenossen sind sie sofort, wie auf Knopfdruck, ausgelassen und fröhlich – es wäre so interessant zu erfahren, welche Rolle die Kommunikation über Geruch spielt, also Pheromone und Stresshormone, aber wir können sie leider nicht wahrnehmen.

Lola weiß wahrscheinlich schon, was sie hinter der nächsten Häuserecke erwartet (durch den Wind, der hier auf Hundenasenhöhe über den Asphalt zieht).

Beliebt bei Menschen sind „Baby-Attribute“ wie eine breite Stirn und große Augen. Aber auch besondere Kennzeichen wie blaue Augen stehen hoch im Kurs.

Forschungsstudie | Vermenschlichung von Hunden: Sollen Hunde wie Babys aussehen?

In dieser Studie wurde untersucht, welche körperlichen Merkmale von Hunden bei Menschen besonders beliebt sind. Dazu wurden 124 Versuchsteilnehmern Bilder von erwachsenen Mischlingshunden gezeigt. Die Hundefotos wurden computertechnisch modifiziert, es wurde immer eines von vierzehn Merkmalen verändert.

Das Ergebnis: Manche, aber nicht alle Kennzeichen von Kindlichkeit wurden bevorzugt. So waren zwar große Augen, aber nicht eine große Stirn beliebt, auch große Pfoten oder eine kleine Nase, die üblicherweise als beliebtes Kindchenschema gelten, wurden nicht deutlich bevorzugt. Die Studienteilnehmer zeigten jedoch eine Vorliebe für Hängelefzen, einen größeren Abstand zwischen den Augen, eine besonders gefärbte Iris oder ein Maul, das ein Lächeln andeutet. Dadurch wird deutlich, dass Hunde nicht nur durch ihr oft kindliches Verhalten und ihre Anhänglichkeit bei Menschen punkten können, sondern sie besonders attraktiv sind, wenn sie niedlich aussehen.

Hecht, Julie & Alexandra Horowitz: Looking at Dogs. Human Preferences for Dog Physical Attributes. Columbia Universität, New York/ USA.

2. In Zeitungen und im Fernsehen sieht man immer wieder Hunde als Helden, die Leben gerettet oder vor Gefahr gewarnt haben – wissen Hunde, was ein „Notfall“ oder „Lebensgefahr“ ist?

Wir Menschen wissen ganz genau um die Endlichkeit unseres Daseins und erkennen deshalb sofort, wenn Gefahr droht. Deshalb versuchen wir auch ständig, sie zu meiden. Zum Beispiel, indem wir Vorkehrungen treffen und uns im Auto anschnallen. Oder wir versuchen uns und unsere Lieben schnell in Sicherheit zu bringen: Wir weichen aus, wenn uns grölende Raufbolden entgegenkommen und gucken sorgfältig nach rechts und links, bevor wir die Straße überqueren. Hunde leben im Hier und Jetzt, aber sie kennen Emotionen wie Angst, Trauer oder Wut, denn diese Gefühlsregungen können lebensrettend sein. Sie merken, wenn eine Situation bedrohlich sein könnte, und versuchen ihr schnellstmöglich zu entkommen. Von Wölfen wissen wir, dass sie versuchen den Ort der Wurfhöhle geheim zu halten, damit dem Nachwuchs keine Gefahr droht (siehe auch Günther Bloch, S. 21). Gefahrenabwehr und Sorge um die körperliche Unversehrtheit kennen Hunde also auch, aber wie sieht es aus, wenn eine andere Art, also der Besitzer in Gefahr ist? Hier gibt es unzählige Heldengeschichten über Hunde, die Menschen vor Feuer warnen oder Kinder vor dem Ertrinken retten. Ich bezweifle aber, dass Hunde hier jeweils erkannt haben, was genau gefährlich an der Situation war. Hunde sind Gewohnheitstiere, sie beobachten ihre Umwelt genau und kennen uns und unsere Eigenarten wahrscheinlich besser als unsere engsten Freunde. Ändert sich plötzlich akut etwas am Tagesablauf, brennt zum Beispiel eine Gardine lichterloh, dann könnte der Hund überrascht und auch verängstigt bellen und dadurch alle anderen Mitbewohner wecken – und damit retten! Und wenn wir uns plötzlich ungewöhnlich verhalten, zum Beispiel einen epileptischen Anfall bekommen, dann werden einige laut bellen, andere sich vielleicht verunsichert zurückziehen. Oder schreit ein ertrinkendes Kind verzweifelt in schrillen Tönen, könnte ein wasserbegeisteter Hund auch aus Neugierde hinschwimmen, um zu sehen, was dort los ist. Dann greift das Kind in seiner Todesangst instinktiv nach dem Halsband und der Hund entscheidet sich, den Rückweg anzutreten oder wird sogar vom Ufer aus gerufen. Ich glaube aber, dass all die Geschichten, in denen Hunde nicht gewarnt und gerettet haben, einfach nicht in großen Zeitungen zu lesen sind, weil

Hunde kennen Emotionen wie Angst, Trauer oder Wut, denn diese Gefühlsregungen können lebensrettend sein.

Hunde können zu Lebensrettern werden – weil sie bellen, wenn eine Situation sie verunsichert, oder weil sie speziell ausgebildet wurden und wissen, was sie zu tun haben.

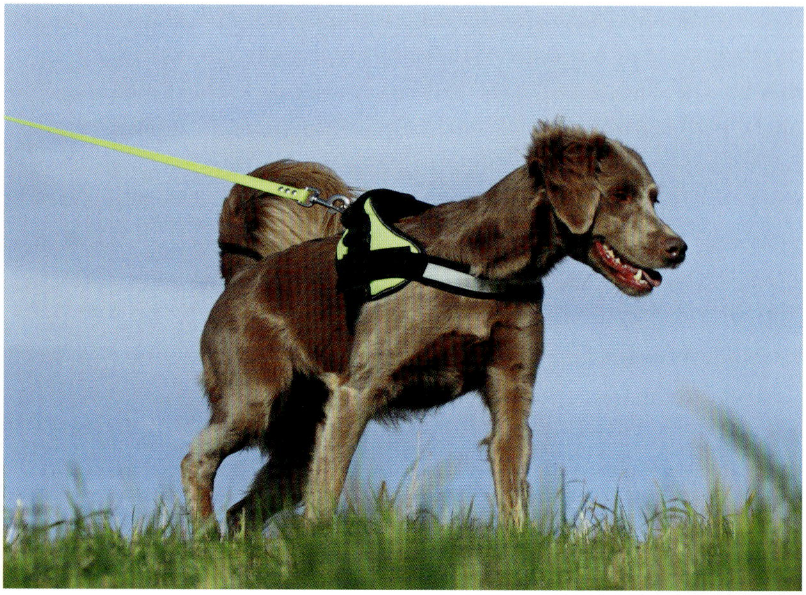

wir nur die Heldengeschichten lieben. Über untätige Hunde wird nie berichtet, wir kennen nur die Retter auf vier Pfoten. Aber natürlich gibt es Hunde, die speziell ausgebildet wurden, zum Beispiel um Ertrinkende an Küsten zu retten oder vermisste Personen im Wald zu finden. Diese Hunde leisten schwierige Arbeit auf Basis einer aufwändigen Ausbildung, die dafür sorgt, dass durch ihre Taten wirklich Leben gerettet werden kann.

3. Können Hunde ein „schlechtes Gewissen" haben?

Die meisten Hundehalter sind fest davon überzeugt, dass ihr Hund ein schlechtes Gewissen haben kann. Ich denke, wir sollten uns vielmehr die Frage stellen, ob Hunde wirklich zwischen „Richtig" und „Falsch" unterscheiden können. In unserer menschlichen Welt spielt die Kenntnis von verbotenen und erlaubten Dingen und die Einhaltung moralischer Regeln eine sehr wichtige Rolle. Aber Hunde sind evolutionär so geprägt, dass sie unter anderem ihre tägliche Futtermenge verbessern wollen. Gleichzeitig lernen sie sehr schnell, wie sie sich im Haus benehmen sollen. Sie kennen die Hausregeln und wissen genau, was erlaubt und verboten ist. Schuhe zerkauen, Müll durchwühlen, die Wurst vom Tisch klauen – alle diese Dinge möchten wir nicht. Machen sie es doch, dann werden wir böse, stampfen mit dem Fuß auf oder erheben die Stimme. Aber Hausregeln von Menschen werden meist nur so lange akzeptiert, wie wir uns in der Nähe aufhalten. Hunde wägen ab: Wir sind nicht im Raum, vielleicht sogar mit dem Auto weggefahren und haben das Steak auf dem Tisch vergessen und die Schlafzimmertür offen gelassen? Dann wissen sie immer noch, dass auf diesen Dingen ein Tabu liegt. Aber genauso gut wissen sie, dass wir sie gerade nicht sehen können (siehe Juliane Kaminski, S. 121 ff.). Erwischen wir den Gesetzesbrecher auf frischer Tat, zeigen fast alle den gleichen Anblick: Sie fühlen sich ertappt, lassen die Ohren hängen, machen den Rücken krumm und schleichen davon, vielleicht wedeln sie dabei noch, schließlich schielen nur noch die Augen über den Korbrand schuldbewusst in unsere Richtung. Aber ist dieses Verhalten tatsächlich „Schuldbewusstsein“ oder nur die Reaktion aufs Entdecktwerden gekoppelt mit der Erwartung, dass wir jetzt gleich böse reagieren werden?

Noch interessanter wird die Frage, wenn zwischen der Tat (Steak klauen) und unserer Wiederkehr ein längere Zeitraum liegt: Erinnern sie sich, dass sie ein Verbot gebrochen haben? Viele Halter beschreiben, wie ihr Hund statt sie fröhlich zu begrüßen nur diesen „schuldigen Blick“ aus dem Korb heraus zeigt, und sofort wissen sie, „dass er

Die Grenzen der Anderen auszuloten ist ein wichtiger Lernprozess für Hunde – dazu gehört auch, wie wir Menschen am besten ausgetrickst und danach wieder besänftigt werden können.

etwas angestellt hat". Diese Situation ist sehr schwierig zu untersuchen, weil wir Hunden unbewusst viele Hinweise geben, also ganz ohne es zu wissen oder zu wollen. Wie wir riechen, wie wir uns bewegen und reden – kleinste Nuancen machen für ihn große Unterschiede, denn ein Hund lernt von Welpenbeinen an täglich über uns dazu und weiß genau, wie er sich benehmen muss, um eine Belohnung zu bekommen (siehe Juliane Kaminski über Manipulation durch Hunde, S. 128) oder unsere schlechte Laune wieder zu besänftigen.

In einer Studie haben wir versucht, den Kontext zu untersuchen, wann dieser Blick zustande kommt. Damit alles möglichst „normal" war, sind wir zu den Leuten nach Hause gegangen und haben sie gebeten, etwas Leckeres mit einem Tabu zu belegen und dann den Raum zu verlassen. Wir haben mit versteckter Kamera gefilmt und konnten sehen, dass eigentlich alle Hunde nach einer bestimmten Zeit die verbotene Leckerei gefressen haben. In der Kontrollsituation bin ich ihnen zuvorgekommen und habe das Futter genommen. Wenn die Besitzer zurückkamen, haben wir gefragt, ob sie ihrem Hund ansehen können, ob er sich an das Tabu gehalten hat oder nicht.

Um uns zu besänftigen, zeigen Hunde oft den „schuldigen Blick".

Das Ergebnis: Alle hielten den Hund für den Täter, denn alle Hunde haben den „schuldigen Blick" gezeigt – egal ob sie gegessen haben oder unschuldig waren. Das könnte bedeuten, dass Hunde dieses Verhalten zeigen, weil sie gelernt haben, dass ein fehlendes Stück Futter oder herumliegender Müll Ärger erzeugt – und es uns besänftigt und sie davor bewahrt, bestraft zu werden, wenn sie sich unterwürfig verhalten. Dieses Wissen der Hunde entsteht durch Assoziationen, also der Wahrnehmung von Aktion und Reaktion, sie lernen zum Beispiel: „Wenn ich am Mülleimer kratze, fällt er um und ich kann herrlich stinkenden Kram fressen. Kommt dann mein Mensch und sieht den Müll, verfärbt sich sein Gesicht, er flucht und schimpft. Wenn ich dann den „schuldigen Blick" zeige, kann ich seine Reaktion besänftigen.". Wenn Hunde Hausregeln gezielt brechen, dann zeigen sie also wahrscheinlich auch genauso gezielt besänftigendes Verhalten – nicht aus moralischen Gewissensbissen, sondern einfach weil sie gelernt haben, dass beide Strategien Erfolg versprechen. Damit möchte ich nicht behaupten, sie könnten keine Schuld empfinden. Aber wir konnten zeigen, dass Menschen Schwierigkeiten damit haben, das Verhalten ihrer Hunde richtig zu interpretieren.

4. Was wissen Hunde über sich selbst und andere?

In meinen Spielstudien habe ich genau darauf den Fokus gesetzt: Denken Hunde über ihr Gegenüber nach, was wissen sie von den Motivationen, der Stimmung eines Hundes oder Menschen, kennen sie ihre eigenen Talente und Schwächen und woher wissen sie all das? In der sekundengenauen Auswertung von Spiel-Videos konnten wir die sehr feinen Interaktionen zwischen Hunden sehen – Hunde überprüfen im Spiel immer wieder die Aufmerksamkeitshaltung und Gesichtsausdrücke ihres Gegenübers, dadurch ahnen sie, was in dem anderen vorgeht. Sie wissen zum Beispiel, dass ein Hund, der gerade nicht guckt, sie nicht sehen kann. Deshalb versuchen sie die Aufmerksamkeit durch Pfotenauflegen, Bewegung ins Sichtfeld oder eine Spielaufforderung durch die Vorderkörpertiefstellung zu erregen – das könnte man schon als rudimentäre Form des Bewusstseins interpretieren. Allerdings glaube ich nicht, dass Hunde dabei bewusst reflektieren: „Jetzt kann mich mein Kumpel sehen." Aber ich bin mir sicher, dass sie sich mit den Beweggründen und Motivationen ihres Gegenübers auskennen. Die kennen sie nämlich aus Erfahrung mit Artgenossen, aber auch aufgrund ihrer eigenen Bedürfnisse und Antriebe. Was genau sie dabei auch über sich selber wissen, ist immer noch im Bereich der Spekulation. Aber ich glaube, dass Hunde zum Beispiel wissen, wie groß sie sind, was sie körperlich leisten und worin sie andere übertrumpfen können und wie sie riechen. Ein Windhund weiß, dass er wahrscheinlich beim Spielkampf mit einem wuchtigen Herdenschutzhund schnell unten liegen und Schmerzen haben wird, aber sein Trumpf ist die Geschwindigkeit.

Kleinste Signale vermitteln den Spielpartnern, wie sich ihr Gegenüber gerade fühlt. Zeigt dies, dass Hunde sich in andere hineinversetzen können"?

Und wie schon gesagt, wissen erwachsene Hunde ganz genau, wie vorsichtig sie mit kleinen oder jungen Hunden spielen müssen – das alles zeigt, dass die Reaktion auf andere mehr vorhanden ist als die Fähigkeit, ständig über sich selber nachzudenken. Diese Form von Empathie ist eventuell angeboren, muss aber in ihrer Vielschichtigkeit gelernt werden. Etwas über die Talente und Möglichkeiten der anderen zu verstehen, geht umso besser, je mehr ich durch direkten Kontakt lernen durfte – und das geht am besten im Spiel (siehe auch Marc Bekoff, S. 45). Ob wir diese Art der Anpassung an das Verhalten und die Möglichkeiten des Gegenübers mit unserer Einfühlsamkeit vergleichen können, bezweifle ich aber. Diese Empathie hat die gleichen Wurzeln, aber menschliches Mitgefühl kann mehr.

5. Wenn Spielen für die Entwicklung einer guten Selbst- und Fremdwahrnehmung so wichtig ist, sollten wir dann viel und oft mit unserem Hund spielen?

In unserer aktuellen Studie haben wir Menschen gebeten, sich beim Spielen mit Hund zu filmen und uns die Videos zuzuschicken (siehe Forschungsstudie rechts). Die Resonanz war erstaunlich, wir haben über 200 Videos aus fast allen Erdteilen zugesandt bekommen! Die Auswertung der Videos lässt vermuten, dass „sinnloses" Spielen generell sehr gut ist für Menschen und Hunde, weil es einen Nutzen für alle Beteiligten hat. Das heißt: Hunde und Menschen, die eine spielreiche Beziehung haben, profitieren auf jeden Fall davon.

Generell ist Spielen wichtig, weil du für deine Aktionen immer sofort ein Feedback bekommst. Du lernst schnell: Was braucht mein Hund, was mag er, was möchte er jetzt, was kann ich tun, damit das Spiel weitergeht und Spaß macht? So lernen wir den Hund in seinen Fähigkeiten und seiner Persönlichkeit gut kennen und er uns – und ein tiefes gegenseitiges Verstehen ist sehr gut für eine innige Beziehung. Aber wir lernen auch uns selber besser kennen und entwickeln uns weiter: Wir müssen kreativ sein, müssen uns beobachten, in die Welt des Hundes aus seiner Perspektive einfühlen. Und wenn wir etwas Neues mit dem Hund lernen wollen, dann macht es als spielerische Übung gleich viel mehr Spaß. Aber wir haben auch viele Beispiele, in denen die Menschen nicht genau wissen, wie man mit Hunden spielen soll, und manche Hunde wollen gar nicht spielen.

Forschungsstudie | **Mensch-Hund-Spiel**

Über Internetverteiler und Webseiten wurde nach Hundehaltern gesucht, die zuhause mit ihren Hunden spielen. Teilgenommen haben über 200 Hund-Mensch-Teams, es sollten immer 36 Sekunden lange Spielsequenzen aufgezeichnet werden, die dann vom Horowitz Dog Cognition Lab anschließend untersucht wurden. Dabei wollten die Forscher versuchen zu klassifizieren, was genau ein Spiel mit dem Hund für die Menschen ist, und verschiedene Spielarten charakterisieren. Dann wurden einige Punkte des Spielens genauer angesehen: die Gesichtsausdrücke der Menschen, die Spielunterbrechung (wer hat das Spiel unterbrochen, was passiert danach), dann die Spielsignale von Hund und Mensch, ihre Ähnlichkeit und Unterschiede. Parallel dazu besuchten die Forscher Hunde in ihrem Zuhause und nahmen kurz vor und nach der Interaktion Speichel- und Urinproben, um den Gehalt des Stresshormons Cortisol zu bestimmen. Dabei interessierte besonders der Effekt des Spiels auf das Stresshormon Cortisol und das Glückshormon Oxytocin. Die Auswertungen lagen leider bis zur Buchabgabe noch nicht vor, können aber nachgeschaut werden unter: www.columbia.edu/~ah2240/#Research

Spielen macht Hund und Mensch nicht nur Spaß, sondern vertieft auch die Bindung. Wir lernen uns gegenseitig kennen und teilen fröhliche Momente.

6. Wie erlebt ein Hund sein Dasein – weiß er, was wir heute tun werden, kann er Zeiträume einschätzen, kennt er Langeweile?

Langeweile wurde auch beim Menschen noch nie untersucht.

In seiner Beziehung zu uns Menschen sind Hunde unheimlich gute Beobachter: Weil sie uns ständig im Blick haben, kennen sie alle unsere Gewohnheiten, Stärken und Schwächen. So wissen sie, wann wir unaufmerksam sind und sie deshalb Futter klauen können (siehe Juliane Kaminski, S. 121 ff.), oder erkennen aufgrund der Kleidung, die wir anziehen, ob wir ins Kino oder mit ihnen spazieren gehen wollen. Aber sie sehen und riechen auch, dass wir im Büro Ärger hatten und morgen krank sein werden – wahrscheinlich manchmal bevor wir unsere Stimmung selber realisiert haben. Hunde haben gelernt, unsere Gerüche und unser Verhalten zu „lesen", damit sie sich eine Vorstellung davon machen können, was wir heute erlebt haben oder als nächstes tun möchten. Doch hin und wieder müssen wir den Hund über längere Zeiträume alleine lassen – erlebt er dabei auch Langeweile? Das Problem bei dieser Frage ist, dass Langeweile auch beim Menschen noch nie untersucht wurde. Die Definition könnte aber so aussehen: eine tiefe Lustlosigkeit, wenig Energie und Aufmerksamkeit, monotone Bewegungsabläufe, kaum Körperspannung und wenig Aktivität. Während Menschen in dieser Stimmung wahrscheinlich Däumchen drehen, schnappen sich Hunde vielleicht eine Socke und bearbeiten sie zärtlich mit den Schneidezähnen. So haben sie etwas zu tun und zumindest bei dieser Tätigkeit die Langeweile besiegt. Allerdings können wir Langeweile reduzieren oder zumindest erträglich machen, indem wir dem Hund Gewohnheiten bieten, die ihm die Möglichkeit geben, Zeiträume des Nichtstuns selber einschätzen zu können. Zum Beispiel, indem wir immer zur selben Zeit am Schreibtisch arbeiten und kein Auge für unseren Hund übrig haben. Dann lernt er, diese Zeit für ein Schläfchen zu nutzen, bis wir wieder Zeit für ihn haben (zum Erleben der Gegenwart siehe auch Ádám Miklósi, S. 103). Falls wir lange unterwegs sein werden, hilft es vielleicht, ein paar Leckerchen im Haus zu verstecken, die der Hund dann suchen muss – das mache ich immer gerne, wenn ich weiß, dass meinen Hunden heute Langeweile drohen könnte. Wir führen zu diesem Thema übrigens gerade eine Studie durch: Hundehalter bauen zuhause kleine Kameras auf und filmen, was der Hund macht, während sie auf der Arbeit sind. Ich bin schon sehr gespannt, was wir alles auf den Videos zu sehen bekommen!

7. Was können wir von Hunden lernen?

Etwas ganz Wichtiges: dass gute Laune wunderbar und Spielen nicht nur für die kurze Dauer unserer Kindheit reserviert ist! Seit mir meine Hunde das vorgelebt haben, ist Rennen und Spielen ein wichtiger Teil meines Tages geworden. Dieses Potential der körperlichen Aktivität macht fit, glücklich und schult uns darin, geduldig mit dem Spielpartner zu werden. Hunde zeigen ein enormes Einfühlungsvermögen gegenüber ihren Freunden im Spiel, sie akzeptieren deren Stärken und Schwächen, große Hunde machen sich ganz klein, um dem Dackel auf Augenhöhe begegnen zu können, erwachsene Kandidaten ermutigen Welpen weiterzuspielen, indem sie sich auf den Boden legen und viel vorsichtiger agieren als mit einem gleichaltrigen Kumpel. Aber es geht auch darum, den Blick für das Ganze nicht zu verlieren, dass wir uns nicht nur auf unser eigenes Schicksal konzentrieren sollten. Wir haben

Wenn Tagesabläufe immer gleich sind, hat es ein Hund leichter, Zeiträume des Nichtstuns abschätzen zu können – und schläft statt sich zu langweilen.

Hunde haben wie wir persönliche Vorlieben und Abneigungen. Sie sind zum Beispiel begeistert von Apportierspielen oder finden das total langweilig. Einige Artgenossen lieben sie vom ersten Moment an, anderen gehen sie zeitlebens aus dem Weg.

alle mal einen schlechten Tag oder verhalten uns plötzlich ungeschickt – das sollten wir auch anderen zugestehen. Gute Vorbilder sind auch hier die Hunde: Unter vertrauten Kumpanen sind sie häufig sehr großmütig und selten nachtragend – das sollten wir uns abgucken und ähnlich wie ein souveräner Hund auf der Hundewiese uns von schlechter Laune oder schwierigen Mitmenschen nicht den Tag verderben lassen. Und nicht so schnell irgendetwas persönlich nehmen. Auch im Umgang mit vertrauten Personen können wir von Hunden lernen: Jemanden zu berühren, den du liebst, das ist ein schönes Gefühl – für beide Seiten. Manche Hunde zeigen uns durch Spielen und zärtliche Gesten wie das vorsichtige Greifen unserer Hand mit dem Maul, wie wichtig für sie die Nähe zu uns ist. Für die Beziehung zwischen Mensch und Hund ist diese Körperlichkeit sehr wichtig, manchmal kann man das sehr schön an der Begrüßungszeremonie zwischen Hunden und Menschen beobachten – da bekommen beide einen regelrechten Kick von der gegenseitigen Wiedersehensfreude. Auch das sollten wir uns abgucken und jedem bei der Begrüßung zeigen, wie wichtig er uns ist!

8. Wie können wir Hunde glücklich machen?

Eigentlich ist es ähnlich wie in unserer Beziehung zu anderen Menschen: Je besser wir jemanden kennen und verstehen, desto eher wissen wir, was genau ihn glücklich macht. Deshalb sollten wir zuallererst unseren Hund beobachten und uns auf die Reise in seine Welt begeben.

Versuchen Sie sich vorzustellen, Sie seien ein Alien, der gerade in Ihrem Haus gelandet ist. Legen Sie sich auf die Küchenfliesen, riechen Sie die Düfte, die durch den Luftzug über den Boden schweben, nehmen Sie von hier unten aus die Küchenarbeitsplatte ins Visier! Beobachten Sie Ihren Hund im Spiel und beim Spaziergang: Wie viel Interesse hat er am Schnuppern, wie entspannt oder gestresst ist seine Körperhaltung, ist sein Schritt beschwingt und fröhlich oder zögerlich, wie nimmt er Kontakt zu anderen Hunden und Menschen auf, welche Persönlichkeiten mag und welche meidet er? So können wir seine individuellen Bedürfnisse und sein Wesen sehr schnell sehen und ihm besser gerecht werden. Dann sollten wir uns natürlich Zeit nehmen für Spaziergänge. Dabei finde ich kurze Spaziergänge besser als lange Radtouren: Hunde sollen schnüffeln dürfen, ohne ständig weitergezogen zu werden und monoton rennen zu müssen. Kurz: Wir sollten ihre Bedürfnisse kennen und respektieren, ihnen etwas zu tun geben und viele soziale Kontakte zu Artgenossen möglich machen.

Die Welt mit allen Sinnen erleben dürfen, entspannte Spaziergänge, eine enge Bindung zum Menschen, geistige Beschäftigung und Kontakte zu Artgenossen – das macht Hunde glücklich.

Kurt Kotrschal: Brauchen Hunde Menschen und Menschen Hunde?

Der Wissenschaftler im Porträt

Von Forschern wird gefordert, dass sie immer eine gewisse Distanz zu ihren Studienobjekten wahren sollen: auf diese Weise könnten sie objektiv bleiben. Kurt Kotrschal, Leiter der Konrad Lorenz Station für Verhaltensforschung in Grünau, macht da nicht mit: Er lebt mit Hunden zusammen genauso lange, wie er dieses Tier in den Fokus seiner Forschungen genommen hat. In seiner Funktion als Verhaltensbiologie-Professor der Universität Wien interessiert ihn nämlich besonders die Mensch-Tier-Beziehung und hier im Speziellen die Erforschung der Bindung zwischen Mensch und Hund. Er betont deshalb gerne, dass das Zusammenleben mit seinen Hunden ihm gezeigt habe, zu welch großen sozialen Fähigkeiten und kognitiven Leistungen diese Tiere in der Lage sind. Diese Erkenntnisse befeuern seine Neugierde für immer neue Forschungsvorhaben, in denen Hunde eine zentrale Rolle spielen. Die private innere Verbindung zum Hund sieht er deshalb nicht als hinderlich, sondern bewertet sie im Gegenteil für die Entstehung neuer wissenschaftlicher Arbeiten sogar positiv: „Die Entwicklung einer Studie ist immer von Versuch und Irrtum geprägt. Aber wenn man selber Hunde hat, bekommt man ein gutes Gefühl, wie sie ticken, welche Fragestellungen überhaupt sinnvoll sind und welche nicht. Ich frage mich ganz selbstverständlich, wie ein Versuch aufgebaut sein muss, damit er „hundeangemessen" ist. Sein neuestes Projekt ist die Erforschung der kognitiven Fähigkeiten von Wölfen im Vergleich zu denen von Hunden: Seit sechs Jahren steckt er deshalb viel Zeit und Energie in das „Wolf Science Center" (WSC) in Ernstbrunn (www.wolfscience.at), das er zusammen mit den Verhaltensforscherinnen Friederike Range und Zsófia Virányi gegründet hat. Hier leben in Freilandgehegen Wölfe und Hunde in getrennten Rudeln, die mit Menschen zwar sozialisiert wurden und mit ihnen für Studien zusammenarbeiten, aber ansonsten im Gehege unter ihresgleichen ihren Alltag alleine meistern.

Es wurden in dieser Anlage also sozusagen „Mischbedingungen" für beide Arten geschaffen, um ihre kognitiven Leistungen vergleichen zu können: Wölfe leben zwar unter Artgenossen, wurden aber an Menschen gewöhnt, Hunde leben ebenfalls in Gehegen, wurden aber auf gleiche Weise wie die Wölfe trainiert und an Menschen gewöhnt.

Kurt Kotrschal hat die Mensch-Hund-Beziehung im Fokus, ihn interessiert zum Beispiel, wie wir uns wechselseitig in unserer Persönlichkeitsentwicklung beeinflussen können.

Die Wölfe wurden wie Hunde mit der Flasche aufgezogen und auf Menschen sozialisiert. So kann genau geschaut werden, worin sich die beiden Spezies unterscheiden.

Diese neue Haltungsform ist deshalb interessant, weil sie sich unterscheidet von den Domestikationsstudien in Kiel und Budapest: Bei Dorit Feddersen-Petersen im Kieler Tiergarten sollten Wolf, Hund und ihre Mischungen ohne viel menschlichen Einfluss leben. Hunde mussten also sozusagen in die Rolle der Wölfe schlüpfen und im Rudel ohne viel Kontakt zum Menschen alleine das Gruppenleben regeln (siehe S. 163). Durch den Vergleich zum Zusammenleben der Wölfe im Nachbargehege konnte geschaut werden, in wieweit Hunde noch in der Lage waren, Rudelstrukturen zu bilden und Konflikte zu lösen. Ádám Miklósi ließ dagegen in Ungarn Wölfe wie Hunde in Haushalten einzeln großziehen, in Hundeschulen trainieren und schaute, wie Wölfe in der menschlichen Umgebung im Vergleich zu Hunden leben, sich anpassen konnten und wie sie bei kognitiven Tests abschnitten (siehe S. 110). Nach fünf Jahren ist das WCS heute das größte Forschungszentrum, das mit Wölfen und Hunden arbeitet. Finanziert wird die Arbeit durch Sponsoren und Publikum, das sich live vor Ort über die Wolfs- und Hundeforschung informieren und teilweise sogar bei den Versuchen zusehen kann. Ein Konzept, das funktioniert. Die Besucherzahlen liegen bei 50.000 verkauften Tickets pro Jahr für den Park und 7.000 Führungen durch die Forschungsanlagen, gleichzeitig gelingt es den Wissenschaftlern, neue Studienergebnisse zu kognitiven Leistungen von Hunden und Wölfen zu publizieren. Aktuell laufen zum Beispiel vergleichende Versuche mit Hunden und Wölfen, wie gut sie mit

Menschen kommunizieren können – z. B. wenn es darum geht, an ein an der Wand hängendes, für das Tier unerreichbares Stück Fleisch zu gelangen. Oder es wird untersucht, wie gut die Kooperationsfähigkeit von Hund und Wolf zum Menschen ist, indem zum Beispiel überprüft wird, wie gut Wölfe und Hunde lernen, an der Leine zu laufen.

Das Ergebnis: Wölfe verhielten sich so ruhig und kooperativ wie Hunde, solange sie von einem ihnen vertrauten Trainer geführt wurden. Hunde dagegen kooperierten eher mit allen netten Menschen, sie sind hier anscheinend anspruchsloser, was ihre Bindungsperson anbetrifft, als Wölfe. Über 120 wissenschaftliche Fachartikel hat Kurt Kotrschal in den letzten 15 Jahren veröffentlicht, 2010 wurde er von Österreichischen Fachjournalisten zum „Wissenschaftler des Jahres" ernannt, sein Buch „Wolf – Hund – Mensch" wurde 2013 als österreichisches Wissenschaftsbuch des Jahres ausgezeichnet. Der Bestsellerautor freut sich über die Ehre, aber sein größtes Glück findet er am Abend, wenn er nach Hause kommt: Hier warten seine Frau und die Eurasier-Hündin Bolita. Eine Familie zu haben ist essentiell, doch ein Hund ist für ihn eine wichtige, bereichernde Lebensstilkomponente. Er drückt das mit Erich Kästner so aus: „Ohne Bolita könnten wir durchaus leben – aber es würde sich nicht lohnen!"

Kurt Kotrschal privat in Begleitung seiner Eurasier Hündin Bolita. Er fühlt sich der Rasse verbunden und ist Präsident des Eurasier-Clubs Austria (ECA).

Fragen an Kurt Kotrschal

1. Wissen Hunde, dass sie Hunde sind?

Der berühmte Hundeforscher Erik Zimen hat Hunden eine Art „Doppelidentität" zugeschrieben, denn sie sind in der Lage, klar zwischen ihrem Leben zusammen mit uns und ihrem Dasein auf der Hundewiese zu unterscheiden. So werden zum Beispiel fremde Personen, die uns und unseren Hund auf der Straße ansprechen von einem gut sozialisierten Hund freundlich begrüßt, während er sich im nächsten Moment einem fremden Hund gegenüber ganz anders benimmt. Hunde wissen, dass wir Menschen und keine Hunde sind – und mit großer Sicherheit auch, welchem Geschlecht wir angehören (siehe S. 91).
Ob sie aber darüber nachdenken, was es bedeutet, ein Hund zu sein, und ob sie ihr Leben unter Menschen reflektieren, bezweifle ich. Auch Wölfe können eine solche Doppelidentität entwickeln, wenn sie mit der Flasche aufgezogen und intensiv an Menschen sozialisiert werden: In unserem Wolfscenter erleben wir immer wieder, wie Wölfe, die meist eine innige Beziehung hauptsächlich zu ihrer Aufzuchtperson aufbauen, auch fremde Menschen, die mit dieser Person das Gehege

Im Wolfcenter in Ernstbrunn untersucht Kurt Kotrschal zum Beispiel, wie handaufgezogene Hunde und Wölfe Probleme lösen und dabei mit Menschen kooperieren.

betreten, freundlich begrüßen. So als wüssten sie, dass wir in einem freundschaftlichen Verhältnis zueinander stehen. Würden wir dagegen mit einem anderen Hund oder Wolf in das Revier eindringen, wäre ein Angriff vorprogrammiert. Die Fähigkeit, zwischen Artgenosse und Mensch unterscheiden zu können, gibt es also schon beim Wolf und wahrscheinlich bei allen Tieren, die mit uns zusammenleben.

2. Liefert Wilsons Idee von der Biophilie des Menschen vielleicht den Grund, warum so viele von uns mit Hunden zusammenleben möchten?

Die berühmte Biophilie-Hypothese des Evolutionsforschers Edward O. Wilson besagt, dass Menschen sich naturbedingt zu anderen Lebewesen hingezogen fühlen und den Kontakt zur Natur „in ausreichendem Maße" brauchen. Auf diese Weise könnten sie „gesund bleiben, den Sinn des Lebens finden und sich verwirklichen". Hundehalter müssen täglich im Grünen spazieren gehen, der Hund wirkt ein bisschen wie eine „Brücke" zur Natur.

Tiere und Natur sind wichtig für das seelische Wohlbefinden von Menschen. Das überzeugendste Argument liefert uns hier die intensive Tier- und Natur-Beziehung, die Kleinkinder haben: Ihre ersten Worte sind meist tierbezogen, in allen Kinderbüchern spielen Tiere eine wichtige Rolle. Die amerikanische Psychologin Judy DeLoache von der University of Virginia hat dies einmal explizit untersucht und kleinen Kindern verschiedene Objekte gezeigt.

Das Ergebnis: Tiere rufen die größte Aufmerksamkeit bei den Kleinen hervor. Diese und andere Studien zeigen, dass tief in uns eine Verbundenheit zu anderen Lebewesen steckt. Und deshalb ist es für mich auch nicht verwunderlich, wenn mitten in der Stadt ein kleines Kind vor Begeisterung fast aus der Karre fällt, nur weil ein Hund seinen Weg kreuzt. Dementsprechend glaube ich daran, dass wir Tiere und die Natur brauchen. Kinder können ihre sozial-kognitiven und emotionalen Fähigkeiten am besten in einer entsprechenden Umgebung entwickeln, die Tiere und Natur mit einschließt. Leben Kinder mit Hunden zusammen, zu denen sie eine gute Beziehung haben, dann können sie bestimmt auch ihre Empathiefähigkeit und ihr Verantwortungsbewusstsein optimieren. Aber das ist natürlich schwer zu testen und kann nur auf Basis demographischer Daten nachgewiesen werden.

Beim Hund finden wir unvoreingenommenen, emotionalen Rückhalt. Der Kontakt beruhigt und kann dabei helfen, stressige Lebenssituationen besser zu meistern.

Forschungsstudie | Können Hunde Kinder bei Stress besser beruhigen?

In der D.A.CH.-Studie (Deutschland, Österreich und Schweiz, beteiligt waren Forschungseinrichtungen und Wissenschaftler aus diesen Ländern) sollte überprüft werden, ob es verschiedene Möglichkeiten der Stressreduktion für Kinder gibt, die aus schwierigen Familienverhältnissen stammen.

In einer Sonderschule wurden 88 Jungen im Alter von sieben bis zwölf Jahren in eine kontrollierte Stresssituation gebracht: Sie sollten vor drei „Prüfern" eine Geschichte fertig erzählen und Matheaufgaben lösen. Alle Kinder waren durch traumatische Kindheitserfahrungen hochunsicher gebunden, hatten also in stressigen Situationen von ihren Eltern keine Unterstützung erfahren oder waren sogar zurückgewiesen worden. Für diese Kinder ist der Umgang mit Stress ein großes Problem, denn anders als Altersgenossen, die positive Erfahrungen mit engen Bindungspersonen sammeln konnten, rechnen hochunsicher gebundene Kinder bei Erwachsenen in Stresssituationen eher mit einer Zurückweisung, sie sind also kaum fähig, andere Menschen als emotionale soziale Unterstützer zu akzeptieren. Deshalb können sie mit aufregenden Momenten wie Prüfungen schlecht umgehen und Lehrer oder Psychologen nur sehr schwer einen Zugang zu ihnen finden.

Um den Effekt verschiedener Möglichkeiten zur Stressreduktion zu überprüfen, wurden die Kinder in drei Gruppen eingeteilt, in denen ihnen verschiedene „soziale Unterstützer" zur Seite gestellt wurden. Der ersten Gruppe wurde eine freundliche junge Studentin zugeteilt, die Kinder der zweiten Gruppe bekamen ein Kuscheltier als Gesellschaft. In der dritten Gruppe kamen geschulte, nette Therapiehunde zum Einsatz. Jeweils vor, während und nach den Prüfungssituationen wurden den Kindern Speichelproben entnommen, aus denen dann der Spiegel des Stresshormones Cortisol bestimmt werden konnte.

Das Ergebnis: Bei den Kindern der Gruppe 1 und 2 stieg der Cortisolgehalt im Speichel während des Tests kontinuierlich und stark an und fiel zum Ende des Tests hin erst wieder leicht ab, blieb jedoch höher als zu Beginn der Prüfung. Somit wurde deutlich, dass die „Partner" nur wenig emotionale Unterstützung bieten konnten, am Ende hatten die Kinder mehr Stress als zu Beginn der Situation.

In der Kinder-Hund-Gruppe zeigte sich ein anderes Bild: Hier war der Cortisolspiegel zu Beginn am Höchsten, fiel dann aber stetig ab. Dadurch war diese Gruppe zum Ende des Tests zumindest physiologisch viel weniger gestresst, der Cortisolpegel lag sogar unter dem Anfangswert. Je mehr sich die Kinder während der Versuchssituation auf den Hund bezogen hatten, desto stärker war der Effekt.

Kinder können von der Anwesenheit eines Hundes profitieren, sie sind weniger gestresst.

Die Psychologen um Henri Julius vermuten, dass Kinder vom Hund am effektivsten beruhigt werden können, weil das Beziehungsmuster der Kinder nur auf erwachsene Menschen, nicht aber auf Hunde übertragen wird. Eine weitere Vermutung der Wissenschaftler, die sich aus den Erfahrungen der Studie ergeben hat: Damit die Stressreduktion durch den Hund funktioniert, muss eine positive Einstellung gegenüber Hunden gegeben sein und der Hund ein freundliches Aussehen haben, das keine Ängste schürt.

3. Warum reichen die Beobachtungen in freier Natur nicht aus, die von Feldforschern wie Günther Bloch geleistet werden (S. 8)? Wozu brauchen wir die vergleichende Wolfs-Hunde-Forschung aus Gehegehaltung?

Den intensiven Freilandforschungen ist es zu verdanken, dass wir über das Leben der Wölfe, über ihr Verhalten, ihre Ernährung, den Umgang mit Ressourcen, die Verteidigung ihres Lebensraumes und die Verwandtschaftsverhältnisse zu benachbarten Rudeln schon ziemlich viel wissen. Wir sehen komplizierte Muster, können aber durch diese Beobachtungen nicht erkennen, welche biopsychologischen Mechanismen und Fähigkeiten sie dafür einsetzen.

Was uns am WSC aber interessiert, ist die experimentelle Grundlagenforschung. Dazu halten wir sozialisierte Kanadische Grauwölfe unterschiedlicher Herkunft und gleichartig aufgezogene und gehaltene Hunde in Gruppen und machen mit ihnen Versuche, die man als „Hirnjogging" bezeichnen könnte – die Tiere machen meist begeistert mit. Unser Ziel ist, die emotionalen und geistigen Grundlagen der Kooperation bei Hunden, Wölfen und zwischen Mensch und Tier zu erforschen. Bei den Wölfen interessiert uns zum Beispiel, warum sie zurzeit so erfolgreich in Europa von Menschen besiedelte Lebensräume erschließen, obwohl sie auf der anderen Seite so extrem vorsichtig und fast schon ängstlich gegenüber allem Neuen sind. Wir würden uns gerne das komplexe Jagdverhalten der Wölfe erklären können, das den Anschein einer extrem guten Kooperation zwischen den einzelnen Gruppenmitgliedern macht. Aber ist das wirklich so? Oder beruht der Jagderfolg eher auf einer instinktiven Zusammenarbeit, ähnlich wie ein Bienenschwarm auf der Suche nach Honig? Oder entscheiden Wölfe und Hunde je nach Situation mal instinktiv, mal kognitiv was am besten wäre in einem bestimmten Moment zu tun? Klar ist, dass das Vorderhirn des Hundes im Zuge der Domestikation um ein Drittel geschrumpft ist. Das Vorderhirn ist aber der Sitz der Kreativität. Sie ermöglicht Tieren, die in komplexen sozialen Strukturen leben, wie Menschen, Raben, Schimpansen oder Wölfen, spontan und einfallsreich auf Veränderungen reagieren zu können. Deshalb interessiert uns der Vergleich zwischen Hund und Wolf: Wie gut sind sie in der Lage, Probleme des Alltags zu lösen? Versuchen sie uns dabei zu Hilfe zu holen, wie kommunizieren sie mit uns, was entscheiden sie spontan und wo setzen sie auf Routine und alte Erfahrungen? Welche Bedeutung haben gemeinsame Erlebnisse wie Jagderfolge für den Zusammenhalt von Individuen – macht dieses Leben als „soziale Jäger" vielleicht Menschen- und Wolfsgesellschaften so hochsozial und in ihrem Zusammenleben durchaus ähnlich? Es geht also bei allen Fragen auch immer um die Wurzeln unserer menschlichen Kooperationsbereitschaft. Wir möchten dazu beitragen, ein besseres Verständnis der Mensch-Hund-Beziehung und der evolutionären Grundlagen der Kooperation beim Menschen finden zu können. Vielleicht gelingt es uns durch die Forschungen am WSC und den vielen Hundelabors rund um den Globus, einen Lichtstrahl in unsere eigene Vergangenheit zu werfen, uns im Spiegel der Wölfe und Hunde selber besser erkennen zu können.

Auf Spurensuche: Kurt Kotrschal hofft durch seine Forschungen mit Wölfen und Hunden auch Einblicke in die Menschwerdung gewinnen zu können.

4. Warum bezeichnest du Wolf und Mensch als „soziale Schwesterarten"?

Für nordamerikanische Indianer war der Wolf ein Vorbild für ein fürsorgliches, wenn auch wehrhaftes Familienleben. Durch die intensiven Studien der letzten Jahrzehnte im Freiland und an Gehegewölfen ist deutlich geworden, wie zutreffend diese Annahme ist und wie ähnlich Wölfe und Menschen einander im sozialen Zusammenleben tatsächlich sind. Doch nicht nur in puncto Gruppenzusammenhalt gleichen wir uns, auch was die Ambivalenz gegenüber fremden Artgenossen anbelangt, gab es besonders in früheren Kulturen Parallelen. Das Durchstreifen eines fremden Territoriums kann für einen einsamen Wolf Lebensgefahr bedeuten und auch in unseren Clans gab es in Frühzeiten kompromisslose Feindschaften, die nicht selten bei Grenzübertritten in blutigen Kriegen endeten. Wölfe und Menschen leben also in einem System, in dem sie innerhalb der eigenen Art klar zwischen Freund und Feind unterscheiden. So sind wir sehr nett zu Mitgliedern der eigenen Gruppe, können aber unfreundlich bis grausam zu Fremden sein. Besonders dann, wenn wichtige Ressourcen wie Nahrung oder Sexualpartner knapp werden. Auch Pferde und Gänse können soziale Gruppen formen, die sozial komplex gestaltet sind. Aber ein wesentlicher Unterschied besteht in der Ernährungsweise, denn diese Tiere jagen nicht, sondern sind selber Teil des Speiseplans von Raubtieren. Sie müssen sich also nicht zusammenrotten und gemeinsam auf Jagd gehen mit dem Ziel, zusammen satt zu werden oder ein Territorium gegen Eindringlinge erfolgreich als Team zu verteidigen. Solche Aufgaben führen aber dazu, dass eine Tierart eine bestimmte „Weltsicht" entwickelt, die einen engen Gruppenzusammenhalt erfordert. Gemeinsam jagen und Krieg führen erfordert ein gut ausgebildetes Stirnhirn, denn hier ist der Sitz der sozialen Intelligenz. Dazu gehören zum Beispiel die Fähigkeiten, Konsequenzen des eigenen Handelns einschätzen, sich an vorherige Ereignisse erinnern, den eigenen Impuls kontrollieren und sich gut in sein Gegenüber einfühlen zu können, um dessen Motivationen und Absichten einzuschätzen. Diese Talente haben Wölfe, Menschen, Schimpansen, Raben und Hunde besonders gut ausgebildet. Allerdings zeigen sich Kanidengesellschaften im Grad ihrer „Fremdenfeindlichkeit" auch sehr flexibel. Je nach Nahrungsangebot leben sie entspannt nebeneinander oder

Wölfe und Menschen leben in einem System, in dem sie innerhalb der eigenen Art zwischen Freund und Feind unterscheiden.

Seit 60.000 Jahren traben Hunde wahrscheinlich schon an unserer Seite – ein Zeitraum, der zu einer engen Verbundenheit zwischen Hund und Mensch geführt hat.

verteidigen ihre Ressourcen erbittert. Auch Menschen konnten sich glücklicherweise anpassen, denn heute leben wir nicht mehr in Kleingruppen als Jäger und Sammler in der Wildnis und stehen in keinem direkten Konkurrenzdruck mehr zu unseren Nachbarn. Im Gegenteil: In einer Zeit der Globalisierung und des Klimawandels bildet die Menschheit eine Schicksalsgemeinschaft. Wölfe aber stehen im Freiland immer noch unter dem gleichen Druck wie vor 100.000 Jahren. Sie zu studieren und zu verstehen kann uns also viel über unsere alten sozialen Strukturen verraten.

5. Wie eng ist die Beziehung zwischen Wolf, Hund und Mensch?

Das kommt auf den Standpunkt der Betrachtung an: Wölfe und Hunde werden gehasst, verehrt, geliebt – je nachdem, ob wir sie als Gefahr, Störenfriede oder enge Freunde wahrnehmen. Fakt ist jedenfalls: Keiner bleibt von ihnen unberührt. Und hier haben wir auch schon des Pudels Kern getroffen, denn mit keiner anderen Tierart leben wir so eng verbunden. Vor etwa 60.000 Jahren trabten die ersten Vorfahren der Hunde an unserer Seite, Wölfe haben schon vorher als Konkurrenten um Nahrung und Lebensraum unsere Wege gekreuzt.

Gemeinsam mit den Raben haben Wölfe, Menschen und in ihrer Gefolgschaft Hunde sich maximal erfolgreich über den Erdball ausgebreitet. Warum? Weil alle Arten in einem hochentwickelten Sozialsystem leben, das sich in ihren Grundzügen ähnelt. Das ist es auch, was den Wolf und den Hund für die Evolutionsbiologie so interessant macht: Die Sozialsysteme der Frühmenschen gleichen wahrscheinlich denen der Wolfsrudel mehr als denen unserer nächsten Verwandten, den Schimpansen. Diese großen Menschenaffen mögen uns in vielen kognitiven Leistungen sehr nahe sein, aber im Vordergrund steht bei diesen Tieren eher die Konkurrenz, nicht die Kooperationsbereitschaft. Der Erfolg des Menschen beruht letztlich aber auf seiner Fähigkeit zur Zusammenarbeit, die sich auf eine ganze Gruppe ausweitet, und seiner Bereitschaft zur Selbstaufgabe für andere Clanmitglieder. Das ist wahrscheinlich das Geheimnis seines Erfolges, der es ihm möglich gemacht hat, sich in allen unwirtlichen Winkeln der Erde behaupten zu können. Alle diese unterschiedlichen Kulturen sind letztlich in der Begleitung von Hunden entstanden, sie sind die ältesten Haustiere des Menschen und haben wahrscheinlich die Haustierwerdung anderer Tierarten zumindest erleichtert. Von hier aus ist der Bogen in die Gegenwart leicht zu schlagen, denn die Bindung des Menschen an den Hund kann vergleichbar eng zu der Bindung an einen anderen Menschen sein, einfach aus dem Grund, weil die physiologischen Mechanismen, die im Gehirn ablaufen, sehr ähnlich wenn nicht sogar gleich sind. Das Aufwachsen mit vertrauten Hunden, zu denen sie eine enge Bindung haben, fördert bei Kindern die körperliche, geistige und emotionale Entwicklung und unterstützt die Ausbildung eines hohen emotionalen Quotienten. Doch nicht nur wir Menschen profitieren von der Bindung. Auch für den Hund bedeutet eine enge Bindung an einen verlässlichen Menschen, dass er im Leben weniger Angst haben muss, dadurch weniger Stress hat und offen ist für neue Erfahrungen. So kann er mit allen Sinnen und selbstbewusst die Welt entdecken und ein toller Hund werden. Letztendlich geht es in Hund-Mensch-Beziehungen um die gegenseitige soziale Unterstützung, die uns der Hund und wir dem Hund bieten. Dies ist auch die Basis für das gegenseitige Vertrauen in teils hochspezialisierten Kooperationen zwischen Hunden und Menschen, zum Beispiel auf der Jagd, beim Schafehüten oder im Assistenzeinsatz.

Gemeinsame Bedürfnisse an das soziale Leben beflügeln die Bindung zwischen Mensch und Hund, die so vergleichbar eng werden kann, wie die Bindung zu anderen Menschen.

Forschungsergebnis | Die Gegenwart des Besitzers beruhigt Hunde in stressigen Situationen

„Sicherer Hafen" – in der Bindungstheorie der Psychologen steht dieser Begriff für den Rückhalt, den Eltern kleinen Kindern in stressigen Lebenssituationen geben können. Deshalb fühlt sich der Nachwuchs zum Beispiel sehr viel sicherer, wenn er neue Situationen wie das Fliegen im Flugzeug oder das Betreten eines großen Bahnhofes nicht alleine, sondern mit Mama oder Papa an der Seite erlebt. Auch Spiel- und Erkundungsverhalten wird von Kindern immer dann verstärkt gezeigt, wenn die Situation entspannt und sicher erscheint, weil enge Bezugspersonen in der Nähe sind. Schon lange Zeit vermuten Forscher, dass dieses Phänomen auch in der Hund-Mensch-Beziehung existiert, doch genau nachgewiesen werden konnte ein beruhigender Effekt vom Besitzer auf den Hund bislang noch nicht.

Zwei Studien wurden in den letzten beiden Jahren deshalb hierzu durchgeführt: In der ersten konfrontierten Forscher aus Budapest 30 Hunde mit einer für sie unangenehmen Situation: In einem Raum näherte sich ein Fremder dem Hund auf bedrohliche Weise. Dabei wurden zwei Gruppen gebildet, in der ersten war der Besitzer beim ersten Kontakt anwesend, die zweite Hundegruppe musste die Situation in der ersten Konfrontation ganz alleine bewältigen.

In einem zweiten Durchlauf wurde der Stressor noch einmal zu den Hunden gelassen, dieses Mal musste die erste Gruppe die Situation ohne die Anwesenheit ihrer Menschen meistern.

Während der Testsituationen wurde das Verhalten der Hunde beobachtet und der Herzschlag gemessen. Auch in der Vor- und Nachphase des Testes wurde der Herzschlag gemessen und das Verhalten beobachtet, um genaue Unterschiede feststellen zu können.

In einer Wiener Studie unter Leitung von Friederike Range wurde dagegen geschaut, ob die Anwesenheit des Besitzers Einfluss darauf nehmen kann, wie gut Hunde ein Problem lösen können. Auch hier nahmen 30 Hunde teil, die versuchen sollten, an Futter zu gelangen, das in Spielzeugen versteckt war. Dazu gab es vier Situations-Variationen: In der ersten war der Mensch anwesend und ermutigte den Hund verbal, in der zweiten blieb der Besitzer stumm, in der dritten war er nicht im Raum, im vierten Durchlauf wurde der Besitzer durch einen Fremden ausgetauscht.

Die Ergebnisse: In dem Budapester Versuch mit dem „bedrohlichen Fremden" reagierten die Hunde sehr unterschiedlich. Insgesamt 18 von ihnen knurrten oder bellten in der Konfrontation ohne Besitzer den unfreundlichen Fremden an, der Herzschlag wurde unregelmäßiger. Mit dem vertrauten Halter an der Seite war der Anstieg der Herzschlagfrequenz signifikant geringer, das Verhalten wurde weniger deutlich gezeigt.

Doch die Gegenwart des Besitzers hatte auch eine Langzeitwirkung: Konfrontierte man den Hund nach dem ersten Durchlauf mit Halter noch einmal alleine mit einem Fremden, dann war der Anstieg der Herzfrequenz und das Abwehrverhalten deutlich geringer ausgeprägt als bei Hunden, die ohne Besitzer die erste Konfrontation meistern mussten.

Auch für die Problemlösefähigkeit konnte ein ähnliches Resultat gefunden werden: Waren die Hunde alleine oder mit der fremden Person im Versuchsraum, zeigten sie sich viel weniger motiviert, an das Futter zu gelangen, und gaben schneller auf. War jedoch der Besitzer anwesend, zeigten die Hunde große Freude daran, das Spielzeug so zu manipulieren, dass sie das Futter erreichen konnten. Dabei schien es unwichtig zu sein, ob ihr Mensch sie dabei anfeuerte – anscheinend reichte die Präsenz des vertrauten Menschen aus, um sich auf das Spiel konzentrieren zu können.

Auch in der Mensch-Hund-Beziehung kann es den Effekt des „sicheren Hafens" geben.

In diesen Ergebnissen sehen Wissenschaftler einen Beleg dafür, dass es einen analogen „Sicheren-Hafen"-Effekt in gefährlichen oder spielerischen Situationen auch in der Mensch-Hund-Beziehung geben kann. Wie bei Eltern von Kindern können Besitzer einen „Puffer" gegen Stress bei Hunden bilden. Dieser Puffer kann sogar dann noch beruhigend wirken, wenn bei einer weiteren stressigen Situation der Besitzer nicht mehr vor Ort ist. Gleichzeitig sorgt die Anwesenheit des Hundehalters anscheinend dafür, dass auch Probleme erfolgreicher gelöst werden können.

Gácsi, M.; Maros, K.; Sernkvist, S.; Faragó, T.; Miklósi, Á. (2013): Human analogue safe haven effect of the owner: behavioural and heart rate response to stressful social stimuli in dogs. PLoS ONE, Published: March 04, 2013

Horn, L.; Huber, L.; Range, F. (2013): The importance of the secure base effect for domestic dogs – evidence from a manipulative problem-solving task. PLoS ONE Published: May 29, 2013

6. Können Beziehungen zwischen Hund und Mensch verschieden intensiv sein?

Das ist ähnlich wie bei Bindungen zu Menschen, die können ja auch sehr unterschiedlich innig sein, zum Beispiel die Bindung zwischen Mutter und Kind, die Urbindung aller Menschen. Ist eine Mutter nicht verlässlich, vielleicht weil sie Drogen konsumiert und nicht da ist, um ein gestresstes Kind zu beruhigen, oder es sogar zurückweist, wenn es Hilfe braucht, dann entwickeln beide, Mutter und Kind, mit der Zeit einen eher distanzierten Bindungsstil. Interessanterweise reagieren besonders diese „desorientiert gebundenen" Kinder besonders intensiv auf Hunde als Bindungspartner. In Studien der Psychologen Henri Julius und Andrea Beetz konnte gezeigt werden, dass sich diese Kinder in Stresssituationen nicht von liebevollen Pädagogen oder Kuscheltieren beruhigen lassen, sondern am effektivsten von einem netten Hund (siehe S. 78).

Die Bindung zwischen Hund und Mensch gleicht wiederum einer solchen Eltern-Kind-Bindung, das haben verschiedene Studien immer wieder gezeigt. Auch wir haben aktuell 120 dyadische Beziehungen, also Beziehungen zwischen einem Hund und einem Menschen, getestet, um diese Fragen demnächst sicher beantworten zu können.

Die innige Bindung zu einem alten Hund lässt sich auf den ersten Blick manchmal nicht erkennen, weil der Umgang miteinander so selbstverständlich wirkt.

Ein Trend zeichnet sich aber bereits ab: Hunde scheinen in ihrer Persönlichkeitsentwicklung sehr plastisch zu sein. Deshalb sind sie zum Großteil ein Spiegel der Persönlichkeit des Menschen. Ganz grob kann man sagen: Unsichere Menschen haben zurückhaltende Hunde. Und Menschen, die in ihrer Kindheit durch traumatische Erfahrungen desorientiert gebunden waren, haben oftmals in der Beziehung zum Hund ein großes Bindungs-, aber auch Kontrollbedürfnis, das wahrscheinlich diesem Bindungsproblem entspringt.

Generell lässt sich die Bindungsstärke zwischen Mensch und Hund nicht messen, zum einen weil wir als unterschiedliche Persönlichkeiten Bindung auf verschiedene Weise ausdrücken. Zum anderen, weil es verschiedene Bindungsphasen gibt. So wirken frisch verliebte Paare besonders tief verbunden, ähnlich wie Welpen, die ihrem Menschen noch auf Schritt und Tritt folgen. Tatsächlich kann die Bindung zwischen einem alten Ehepaar oder einem Hundesenior und seinem Menschen viel tiefer sein, auch wenn das auf den ersten Blick gar nicht so scheint, weil Zeichen einer Bindung wie ständiger Körper- und Blickkontakt fehlen. Doch im Optimalfall haben beide viel miteinander

Hunde kommunizieren „gröber“ als Wölfe, dafür haben sie für den Austausch mit Menschen neue Signale wie das Bellsystem entwickelt.

erlebt und Konflikte überstanden, man kennt sich in- und auswendig und kann sich aufeinander verlassen – deshalb ist ständige Absicherung durch Blickkontakt gar nicht mehr nötig! Möglicherweise ist diese „Verhaltenssynchronie" ein gutes Maß für die Bindungsqualität, aber dazu stehen die Forschungen noch am Anfang.

Noch eine Parallele zwischen Hund und Mensch finden wir in der Art und Weise der Bindungsintensität der beiden Partner, denn es gibt eigentlich bei jedem dyadischen Paar niemals eine vollkommen symmetrische Bindung. Manchen Hunden ist es gelungen, ihre Menschen effizient zu konditionieren, sie reagieren zuverlässig auf jedes Signal des Hundes mit Zuwendung oder dem Griff zur Futtertüte. Umgekehrt gibt es Menschen, die im Hund eine Abhängigkeit konditioniert haben, so dass der Hund akut unter Trennungsschmerz leidet und nur noch Augen für seinen Menschen hat und wenig selbstständig agiert. Beides sind natürlich Extremfälle, die meisten Hund-Mensch-Beziehungen haben ein ausgewogeneres Bindungsverhältnis. Am Ende spielen auch Rasseeigenschaften bei der Frage eine Rolle, wie eng eine Bindung zwischen Hund und Mensch werden kann. Arbeitshunde sollten ursprünglich ganz unterschiedlich anhänglich sein, so haben zum Beispiel Schlittenhunderassen weniger, Jagdhunde dagegen meist ein sehr hohes Bindungspotential, deshalb sind diese Rassen oft auch beliebte Familienhunde.

Bindung wird aufgrund unterschiedlicher Persönlichkeiten verschieden ausgedrückt.

7. Worin unterscheiden sich Hunde und Wölfe am meisten?

Erik Zimen hat schon bei seiner Dissertation in den 70er Jahren zeigen können, dass sich das Ausdrucksverhalten der Wölfe nicht stark von dem der Hunde unterscheidet – kein Wunder, denn durch die enge Verwandtschaft handelt es sich um homologe Verhaltensweisen, die bereits vor der züchterischen Einflussnahme auf den Hund durch den Menschen entstanden sind. Allerdings scheint es so, dass Hunden einige Verhaltensweisen durch das Zusammenleben mit dem Menschen verlorengegangen sind (siehe zum Beispiel Welpenaufzucht der „Pizza-Hunde", Günther Bloch, S. 27) oder weniger stark gezeigt werden. Das Kommunikationsverhalten ist also gröber als bei Wölfen, aber es wurden auch neue Ausdrucksformen hinzugewonnen (siehe Dorit Feddersen-Petersen, Kommunikation über Bellen, S. 166). Konrad Lorenz hat diese Vergröberung noch als „Degeneration" bezeichnet, heute würden wir sie eher „Anpassung" nennen: Für Hunde haben sich durch das Zusammenleben mit uns einfach die Prioritäten in der Kommunikation verschoben. Für sie wurde es wichtiger, Menschenverhalten zu verstehen und darauf zu reagieren, dagegen wurde im Laufe der Jahrhunderte immer seltener von ihnen gefordert, mit anderen Hunden sehr fein abgestimmt kommunizieren zu müssen. Hunde sind deshalb regelrecht Experten, wenn es darum geht, Menschen richtig einzuschätzen. Wir stellen uns dagegen oft ziemlich erbärmlich an, Hundesprache richtig zu deuten.

In unseren Versuchen zeigen sich die Wölfe aber viel entschlossener, sobald sie erkannt haben, was genau zu tun ist. Sie sind sehr geradlinig und zum Beispiel besser in der Lage, Verhalten eines anderen Hundes für eine Problemlösung genau zu kopieren. So wurde zum Beispiel Guiness, die Border Collie Hündin der Verhaltensforscherin Friederike Range, darauf trainiert, eine Box mit der Pfote zu öffnen, um an ein Stück Futter zu kommen. Hunde machen nach, indem sie einfach irgendwas mit ihrer Pfote machen, sie kratzen an der Kiste und laufen um sie herum (allerdings gibt es Unterschiede im Nachahmungslernen, die anscheinend durch den Rang des Hundes und den Menschen als Demonstrator begründet werden – siehe Studie von Miklósi, S. 107 und Kaminski, S. 134 ff.). Alle zehn getesteten Wölfe haben dagegen nach kurzem Überlegen gezielt die Kiste geöffnet. Sie haben also durch Zuschauen gelernt, was zu tun ist, sie schauen genauer hin als Hunde. Aber das verwundert nicht, denn Hunde haben wahrscheinlich domestikationsbedingt die Fähigkeit vergröbert, genau auf das zu achten, was Artgenossen tun. Ihr Fokus hat sich auf den Menschen verschoben. Deshalb haben sie auch in der sozialen Kommunikation mit Menschen die Nase vorn. Hunde sind aufmerksamer uns gegenüber, sie beobachten gespannt, was wir tun, und interessieren sich für alles, was wir berühren. Dagegen denken Wölfe wahrscheinlich eigenständiger, weswegen ihnen weniger daran liegt, sich immer in für uns sehr erkennbarer Weise nach uns zu richten – auch ein netter Wolf in Begleitung eines Menschen, an den er gebunden ist, wird sich immer auf sich selbst verlassen. Anders als ein Hund vergisst er nie die Welt um sich herum und lässt sich dadurch auch nicht so schnell von seinem Ziel ablenken. Er konzentriert sich dadurch viel weniger stark und ausdauernd als ein Hund darauf, was WIR wollen.

Hunde sind Menschenkenner, sie analysieren unser Verhalten, erahnen dadurch wie es uns geht und was wir als nächstes tun möchten.

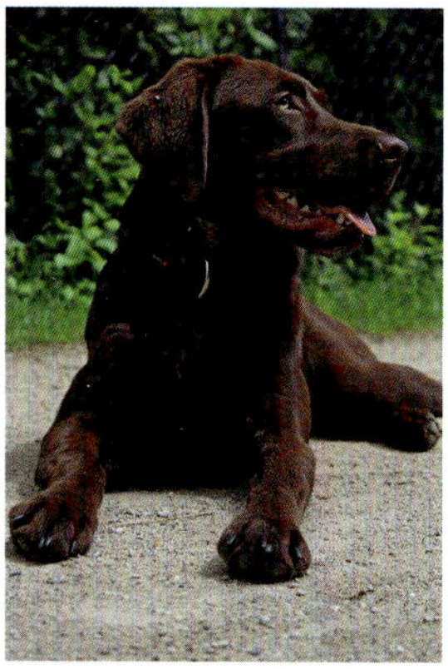

8. Weiß mein Hund, dass ich ein Mann oder eine Frau bin?

Mit Sicherheit! Wir haben hier in Wien zum Beispiel sehr genau untersucht, ob es Unterschiede im Verhalten von Rüden gibt, die bei Männern oder bei Frauen leben. Das Ergebnis war, dass es ein klares geschlechterspezifisches Interaktionsverhalten von Rüden gibt, die von Frauen gehalten werden, denn sie sind eher introvertiert. Rüden in der Hand von Männern sind sich meist sicher, dass sie nicht die Chefs sind, und gebärden sich deshalb nach außen eher entspannt und gleichzeitig viel offener, ganz ähnlich wie ein Wolf es tun würde, der in der Rangordnung des Rudels im Beta-Bereich platziert ist. Auch Rüden von Frauen müssen nicht „Chef" über ihren Menschen sein, sie fallen aber ganz offensichtlich in ihre typische Geschlechter- und Alpharolle und zeigen deshalb nach außen ein eher distanziertes Verhalten. Hunde spielen also wahrscheinlich auch in ihren Beziehungen zu Menschen die passenden sozialen und Geschlechterrollen.

Was mich interessiert, wäre die Frage, was mit dem Wesen des Hundes passiert, wenn der Besitzer wechselt. Wenn also der Rüde zum Beispiel aus Frauenhand zu einem Mann kommt und umgekehrt. Eigentlich läge nahe, dass sie ihr Benehmen verändern, denn unter anderem haben unsere Studien ja gezeigt, dass Hunde in ihrem Verhalten großteils die Beziehung zum Besitzer spiegeln. Bislang gibt es zu solchen Veränderungen im Hundeleben aber nur Anekdoten oder Erfahrungswerte, aber noch keine gesicherten Daten. In der Mensch-Hund-Beziehung gibt es also noch viele spannende Fragen für zukünftige Forschungen!

Rüden und Männer haben oft eine kumpelhafte Beziehung, die Hunde zeigen ein eher offenes Wesen in der Öffentlichkeit.

Ádám Miklósi: Was wissen wir über Hunde?

Der Wissenschaftler im Porträt

Ein Tag im Leben des Ádám Miklósi startet wie bei den meisten von uns mit einer Tasse Milchkaffee. Aber bereits hier enden die Gemeinsamkeiten, denn von nun an geht es weiter mit wenig Routine, dafür täglich vielen Diskussionen, Telefonaten, Besprechungen und immer wieder Reisen. Als Leiter des weltberühmten „Family Dog Project" der Eötvös University of Budapest ist der Hundeforscher ein begehrter Mann für seine Studenten, Kollegen, die Medien und vor allen Dingen Hundehalter. Jeder möchte mit ihm sprechen, Termine machen, Zeitschriften drängen auf neue Veröffentlichungen, Hundeschulen auf Seminartermine, Statistiken seiner Studenten wollen überprüft werden. Ein oder zwei Tage in der Woche reserviert er sich für das Schreiben wissenschaftlicher Artikel und das Lesen der Studien von Studenten oder Kollegen. Selten findet er noch die Zeit, an den Versuchen mit Familienhunden an der Universität teilzunehmen. Dabei war er es vor 15 Jahren, der die ersten Studien mit Hunden entwickelt hat, allerdings nicht ganz freiwillig. Eigentlich war Ádám auf das Verhalten von Aquarienfischen im Institut spezialisiert und damit auch sehr zufrieden. Aber sein damaliger Chef, Vilmos Csányi, hatte einen sehr liberalen Grundsatz, nach dem alle zehn Jahre ein neues Forschungsfeld erkundet werden sollte. 1997 standen deshalb statt der Fische plötzlich Kaninchen und Hunde als Forschungsobjekte zur Wahl. Aber auch wenn Vilmos Csányi vorgab, seine Institutsmitarbeiter an der Entscheidung zu beteiligen – eigentlich war schon von Anfang an klar, dass die Hunde das Rennen machen würden. Der Grund: Kurz zuvor hatte der Budapester Verhaltensforschungs-Chef in Nord-Ungarn einen Welpen namens Flip gefunden. Mit der Zeit war er von dessen sozialen und kommunikativen Fähigkeiten absolut fasziniert und wollte unbedingt wissenschaftlich erforschen lassen, ob andere Hunde ähnliche Talente vorzuweisen haben. So wurde Ádám zum Dasein als Hundeforscher zuerst zwar praktisch „gezwungen", aber schon die ersten Studienergebnisse weckten in ihm die Neugierde: Die Versuche mit Zeigegesten und die Vergleiche zum Wolf zeigten, dass Hunde selbst feinste Signale des Menschen besser deuten können als Schimpansen und wahrscheinlich auf das Zusammenleben mit Menschen bereits genetisch vorbereitet sind.

Im Jahr 2000 hat dann die Zeitschrift „New Scientist" die Forschung mit Hund als Titelthema aufs Cover gesetzt und einen ausführlichen Bericht über die Ergebnisse der Studien gebracht. Das gab dem neuen Forschungsfeld den letzten Kick: Von nun an etablierte sich das wissenschaftliche Arbeiten mit Hunden als neuer Trend. Filmteams, Journalisten großer Zeitungen und Zeitschriften belagerten die Institutsflure, in der Folge wurde eine große Anzahl von wissenschaftlichen Studien in relativ kurzer Zeit zum Thema veröffentlicht. Nach der Emeritie-

Was geht im Kopf eines Hundes vor? Ádám Miklósi hat sich mit dieser Frage als einer der ersten beschäftigt und bahnbrechende Studien entwickelt.

rung seines Chefs ist Ádám selber zum Leiter des „Family Dog Project“ aufgestiegen. Durch die Studien an mittlerweile über 1.000 Hunden und der Veröffentlichung von rund 150 Publikationen ist das Institut heute weltberühmt. Viele Universitäten rund um den Globus sind dem Vorbild aus Budapest gefolgt und haben eigene „Dog-Labs“ gegründet. Das liegt nicht nur an den faszinierenden Fragestellungen rund um den Hund, sondern auch am finanziellen Vorteil dieser Studien: Hunde als Forschungstiere sind sehr günstig im Unterhalt, denn außer der Investition in ein paar Belohnungshappen verursachen sie kaum weitere Kosten. Und die meisten Hundehalter sind sofort bereit, mit ihren Tieren in die Universität zu kommen und sie an Tests teilnehmen zu lassen. Doch auch, wenn Ádám sich seit 15 Jahren mit Hunden beschäftigt – seine Hundeliebe geht nicht so weit, dass er sein Zuhause mit einem seiner Forschungsobjekte teilen möchte. Er mag Hunde und die Arbeit mit ihnen, aber außer den beiden Hunden seiner Tochter sollen keine weiteren Hunde in der Familie leben. Er verbringt seinen Feierabend lieber im Garten – er liebt es, ungestört in der Erde zu buddeln und das Wachsen seiner Pflanzen zu beobachten. Und nebenbei träumt er davon, irgendwann mal wieder wie in Studentenzeiten auf lange zoologische Exkursionen zu gehen und die Tierwelt in freier Natur zu erkunden.

Weil er den Leitsatz seines Chefs von damals auch selber beherzigen möchte, hat Ádám Miklósi nach zehn Jahren jetzt eine Trendwende in der Budapester Forschung eingeleitet: Aktuell beschäftigt sich das Family Dog Project mit Roboterstudien. Hier wird erforscht, warum wir uns in der Gegenwart von Hunden so wohl fühlen. Die Ergebnisse sollen Ingenieuren dabei helfen, bessere Roboter zu entwickeln. Diese sollen sich die beliebten Eigenschaften der Hunde abgucken, um dann in der Pflege eingesetzt werden zu können.

Ob Roboter die Zuwendung durch einen echten Hund ersetzen können? Für Ádám ist diese Arbeit eine neue, spannende Perspektive, die auf den Erfahrungen der letzten Jahre aufbaut. Trotzdem eröffnet ihm gerade diese Arbeit einen neuen Blick auf unseren Partner Hund: Durch ihn nähern sich die Forscher dem Geheimnis der großen, einzigartigen Anziehungskraft, die er auf uns Menschen ausüben und die mit Sicherheit kein noch so lebensecht programmierter Roboter je erreichen kann.

Ein herzerweichender Blick – schon sind wir verliebt und lassen den Welpen bei uns einziehen. Doch Hunde brauchen mehr als einen warmen Platz auf dem Sofa.

Fragen an Ádám Miklósi

1. Was würdest du einen Hund fragen, wenn er sprechen könnte?

Wir sollten sehr dankbar sein, dass Hunde nicht sprechen können. Ich denke, dies ist ein entscheidender Bestandteil, dass wir so glückliche, innige Beziehungen zu ihnen führen können! Aber an sich wäre ich etwas besorgt, was sie antworten würden, denn ich finde, dass wir Hunde oft nicht wirklich fair behandeln. Heutzutage ein Hund zu sein ist nicht leicht, in vielen Ländern leben sie unter erbärmlichen Bedingungen auf der Straße, werden verfolgt, vergiftet oder schlecht behandelt. In Industrienationen werden sie dagegen oft als Statussymbol instrumentalisiert, sie sollen immer schöner und auffälliger aussehen, deshalb tauchen immer mehr Qualzuchten auf. Durch diese Zuchtziele haben wir viele gesundheitliche Probleme. Dann gibt es Gesetze, die Hunde verschiedener Rassen diskriminieren oder ihre Bewegungsfreiheit einschränken. Wie viele Hunde können wirklich so leben, wie es für einen Hund angemessen ist? Ich glaube, das sind am Ende nicht sehr viele. Wir sollten versuchen, die Beziehung zum Hund zu verbessern, zu realisieren, dass sie Bedürfnisse haben und nicht nur zuhause als Dekoration auf dem Sofa sitzen wollen.

2. Interessieren dich Hunde nach 15 Jahren Forschung noch?

Die Beziehung erreicht andere Dimensionen, wir haben neue Ideen, wollen aber nicht das Studienobjekt total ändern. Deshalb haben wir den Hund im Fokus behalten und damit begonnen, die Interaktion mit uns zu studieren. Ziel dieser Studien ist es, die empathischen Fähigkeiten von Robotern zu verbessern, damit sich bedürftige Menschen gut umsorgt und weniger allein fühlen. Das ist eine neue Herausforderung für uns, denn wir versuchen die besonderen sozialen Fähigkeiten des Hundes zu modellieren, greifbar zu machen und auf die Maschine zu übertragen. Dabei geht es nicht darum, Hunde in ihrer therapeutischen Wirkung zu ersetzen, sondern nur für die Bereiche, in denen sie nicht eingesetzt werden können, das Zusammenspiel zwischen bedürftigem Menschen und Maschine zu verbessern. Diese Studie führt dazu, dass wir uns dem hundlichen Wesen und seinen Fähigkeiten unter einem ganz neuen Blickwinkel annähern, um ihn besser verstehen zu können – eine sehr interessante Arbeit!

Hunde können nicht ersetzt werden, aber ihre großartigen Eigenschaften sollen kopiert werden und dabei helfen, bessere Roboter zu kreieren.

Glücksgefühle beim Ausflug an den Strand – dieser Hund geht wahrscheinlich davon aus, dass es auch uns in diesem Moment gerade gut geht.

3. Wissen Hunde, dass wir Menschen sind?

Wir wissen noch nicht genau, was Hunde über sich selbst wissen. Sie erwarten wohl Gefühle, die sie selber haben, auch bei anderen Artgenossen und uns Menschen (siehe „rudimentäre Theory of Mind" von Alexandra Horowitz, S. 63), aber sie fallen zum Beispiel beim „Spiegel-Test" durch: Malt man hochsozialen Tieren wie Schimpansen oder Elstern einen Fleck auf die Stirn und hält ihnen dann einen Spiegel vor, versuchen sie ziemlich schnell, die Farbe auf der Stirn zu entfernen – aber bei sich selbst, nicht im Spiegelbild. Sie wissen also, dass der Spiegel eine Reflektion ihrer selbst darstellt. Hunde reagieren nur kurz auf die Bewegung auf der spiegelnden Fläche und verlieren dann schnell das Interesse. Nicht, weil sie „dümmer" sind, sondern weil diese Form der Selbsterkenntnis auf ihre Weltsicht einfach nicht übertragbar ist. Hunde erkennen sich mit Sicherheit zum Beispiel an ihrem eigenen Geruch, der einem Spiegelbild natürlich nicht anhaftet. Doch es gibt Indizien, dass sie wissen könnten, dass wir bestimmte Dinge nicht so gut wahrnehmen können wie sie und man deshalb mit uns auf besondere Weise kommunizieren muss. Aber wahrscheinlich haben sie kein so klar definiertes Bild von uns wie wir von ihnen. Der Hund wird ein Menschenbild entwickeln, das sich daran orientiert, was wir täglich tun oder in der Vergangenheit getan haben. Hundehalter nutzen vermenschlichende Begriffe, wenn sie über ihre Hunde reden. Hunde tun das auch, aber natürlich nicht auf einem sprachlichen Niveau und nicht so detailliert wie wir. Sie „verhundlichen" unser Verhalten und dadurch gelingt es ihnen, mit uns zu kommunizieren. So entwickeln viele Hunde im Laufe ihres Lebens ein sehr großes Talent darin, sich in unsere Sicht hineinzuversetzen und mit uns zu kommunizieren. Was wir an Signalen senden, übersetzen sie und senden wiederum Signale an uns. Sie passen sich also an und das zeigt, dass sie zumindest wissen, dass wir keine Hunde sind.

Forschungsstudie | Menschen verstehen die Knurrgeräusche von Hunden

Nicht nur Hunde haben ein scheinbar angeborenes Talent, Menschen verstehen zu können. Eine Studie aus Budapest hat gezeigt, dass auch unsere Spezies in der Lage ist, das Ausdrucksverhalten von Hunden intuitiv richtig zu interpretieren. Die Idee zu dieser Untersuchung entstand durch eine Studie aus Wien, in der Forscher um Friederike Range feststellen konnten, dass Hunde durch Knurrgeräusche vom CD-Player auf die Körpergröße, Stimmung und soziale Situation ihrer Artgenossen schließen können. Das Team um Ádám Miklósi in Budapest stellte sich in diesem Zusammenhang die Frage, ob auch Menschen die Knurrgeräusche von Hunden einem bestimmten sozialen Kontext und einer Stimmung richtig zuordnen können. Dazu nahmen sie die Drohlaute in drei verschiedenen Situationen auf: während eines Spiels, beim Bewachen eines Knochens in der Gegenwart von Artgenossen und beim Drohen gegenüber einem aggressiv agierenden Menschen. Diese Sequenzen wurden 40 Erwachsenen vorgespielt mit der Bitte, das Knurren jeweils auf einer Skala mit verschiedenen Emotionen einzuordnen und den möglichen Kontext zu beschreiben, in dem die Aufnahmen entstanden sein könnten.

Die Ergebnisse zeigen, dass Spielknurren für die Zuhörer am leichtesten zu erkennen war, die drohenden Knurrgeräusche waren deutlich schwerer zu trennen. Interessanterweise wurde das Drohknurren am Knochen als aggressiver eingestuft als das abwehrende Knurren gegenüber einem bedrohlichen Menschen.

Letztendlich konnte durch die Studie gezeigt werden, dass Menschen in der Lage sind, den emotionalen Hintergrund und Knurr-Kontext akustisch korrekt zu erkennen. Daraus schließen die Forscher, dass Knurren nicht nur unter Hunden, sondern auch in der Kommunikation mit Menschen eine wichtige Rolle spielt – für beide Seiten.

Menschen sind in der Lage, anhand von Knurrgeräuschen die soziale Situation zu erkennen. Zum Beispiel, ob nur im Spiel oder zur Abwehr geknurrt wird.

4. Wenn ein Hund Weltmeister im Obedience ist, eine Schafherde zusammenhalten oder einen Blinden durchs Stadtgetümmel führen kann, ist er dann ein intelligenter Hund? Was macht einen Hund eigentlich intelligent?

Neben seinen individuell vererbten Anlagen liegt viel an der Erziehung! Das Problem ist, dass vielen Hunden nicht erlaubt wird, ihre Welt zu erleben, deshalb nehmen sie ihre Umgebung viel fragmentierter wahr. Sie verstehen dann vielleicht viel von dem, was in einem Agility-Parcours von ihnen verlangt wird, aber würden ohne ihren Menschen vor jedes Auto laufen. Wir haben in unseren Studien immer wieder beobachten können, dass Hunde, die nicht ständig unter Kontrolle des Menschen stehen, sehr viel besser darin sind, Probleme eigenständig zu lösen. Menschen neigen dazu, alles im Leben eines Hundes organisieren und kontrollieren zu wollen – wir gehen in Situationen und der Hund achtet nur auf uns, wir erlauben ihm genau, was er tun darf. So lernt er, immer leise zu sein und nur zu tun, was Menschen ihm gestatten. Hunde, die im ländlichen Bereich leben oder von Menschen erzogen werden, die ihnen mehr Freiheiten lassen, gewinnen einen anderen Blick auf die Umwelt. Sie agieren autonomer, machen viele Erfahrungen – und lernen dadurch verschiedene Strategien zu entwickeln, um Ziele zu erreichen. Hunde von heute haben eine ganz andere Erkenntniswelt als ein Punker-Hund oder Dorfköter, die oft recht eigenständig unterwegs sind. Deshalb rate ich immer: Schenkt eurem Hund mehr Lebensqualität durch mehr Lebenserfahrungen!

Hunde, die ständig von ihren Menschen kontrolliert werden, haben größere Schwierigkeiten damit, eigenständig Lösungen für Probleme zu finden.

5. Wenn ich morgens aufstehe, bleibt meine Hündin noch liegen, denn sie weiß, dass ich erst die Kinder wecken und versorgen und mich erst danach um ihr Fressen kümmern werde. Haben Hunde eine Vorstellung von Gegenwart, Zukunft und Vergangenheit?

Wie der Hund die Gegenwart erlebt, basiert auf Erfahrungen aus seiner Vergangenheit. Wie gut er sich fühlt, wie sicher er agiert, wie selbstständig er ist, all das wird geprägt durch die soziale Beziehung, seine Erfahrungen mit Liebe und Vertrauen. So wirkt seine Vergangenheit auf die Gegenwart und ermöglicht ihm, sich durch seine Erfahrungen und Erinnerungen angemessen zu verhalten. Für die Zukunft gilt, dass Hunde hier bestimmt gewisse Erwartungen haben, wie zum Beispiel dass es demnächst ihr Futter geben wird, weil das jeden Tag um 18 Uhr so ist. Aber sie denken dabei nicht an konkrete Ereignisse wie den Agility-Termin am Nachmittag. An die Zukunft denken kannst du, wenn du eine klare Vorstellung von einer Situation hast. Das ist im Kurzzeitbereich möglich, wenn man immer zur selben Zeit spazieren geht oder füttert. Aber sie können sich an unseren Aktionen orientieren, um eine Idee vom weiteren Verlauf des Tages zu bekommen: Sie haben gelernt, dass sich anhand der Art, wie wir uns durchs Haus bewegen, wie wir uns anziehen oder am Telefon verabreden, Voraussagen treffen lassen, was als nächstes passieren könnte (siehe auch Alexandra Horowitz, S. 66).

Der Klügere gibt nach? Hunde, die viele Erfahrungen machen dürfen, werden clever im Umgang mit Menschen und Artgenossen.

Manche Hunde sind auch in der Lage, aus dem Auto einen Weg wiederzuerkennen und daher zu wissen, wohin die Reise geht. Das bedeutet: Mit Gewohnheiten sind sie in der Lage, Erwartungen aufbauen zu können, sie können sich erinnern, ihr Gedächtnis verbindet mit bestimmten Bildern Erwartungen und sogar Aktionen (siehe Forschungsstudie, S. 104). Aber nicht in dem Sinne wie bei uns Menschen, hier gibt es natürlich deutliche Unterschiede. Aber warum sollte sich ein Hund über die Zukunft Sorgen machen? Für Hunde ist der Tagesablauf strukturiert durch bestimmte wiederkehrende Ereignisse, den Sonnenaufgang und -untergang und besonders die Zeit, in der wir ins Bett gehen und schließlich das Licht ausknipsen. Dadurch lebt er immer in der Gegenwart und genießt im Idealfall unbeschwert jeden Augenblick.

Forschungsstudie | Wie lange kann sich ein Hund an eine neue Beobachtung erinnern?

Ein gut funktionierendes Gedächtnis kann überlebenswichtig sein: Durch die Fähigkeit unseres zentralen Nervensystems, Beobachtungen oder Erfahrungen abzuspeichern, sind wir in der Lage, diese Informationen in anderen Lebenssituationen wieder aufzurufen, um uns angepasst verhalten zu können. Claudia Fugazza und Ádám Miklósi wollten das Gedächtnis von Hunden testen und überprüfen, wie lange sie in der Lage waren, sich an eine von Menschen demonstrierte Aktion zu erinnern und diese zu wiederholen. Zuerst wurden diese Hunde nach der „Machs mir nach!"-Methode trainiert. Hier lernen Hunde menschliches Verhalten zu kopieren, z. B. um einen Eimer laufen oder an einer Glocke läuten. Zusätzlich wurden die Hunde darauf trainiert, zwischen Beobachtung und Wiederholung eine kurze Pause einzulegen. Für diese Studie wurden vor den im Platz liegenden Hund verschiedene Objekte abgelegt. Dann zeigte der Halter unterschiedliche Aktionen, in denen die Gegenstände manipuliert wurden. Anschließend bekam der Hund eine „Pause", in der er hinter eine Wand geführt wurde. In dieser Phase sollte er still liegen bleiben oder kleine Übungen ausführen. Anschließend gingen Hund und Halter zurück in den Versuchsbereich, der Hund wurde auf die Ausgangsposition gelegt

Hunde können lernen, Gegenstände in verschiedenen Situationen unterschiedlich zu behandeln. So wird eine Flasche zum Menschen gebracht oder …

und mit dem Signal „do it!“ aufgefordert, das kurz zuvor beobachtete Verhalten zu zeigen. Die Pausen zwischen Vorführung und Wiederholung lagen bei bekannten Aktionen zwischen 40 Sekunden und 10 Minuten, neue Aktionen durften nach 90 Sekunden wiederholt werden.

Das Ergebnis: Auch wenn die Hunde in der Pause spielen durften oder Übungen ausführen sollten oder wenn sie von einem Fremden aufgefordert wurden, das zuvor Gesehene zu kopieren, waren sie in der Lage, auch komplett neue Aktionen nach einer Pause von 90 Sekunden zu wiederholen. Daraus schließen die Forscher, dass Hunde sich erinnern, indem sie auf eine mentale Repräsentation zurückgreifen können und sogar über ein „deklaratives Gedächtnis“ verfügen. Eine mentale Repräsentation bezeichnet die Fähigkeit, Objekte flexibel in verschiedenen Situationen wahrnehmen zu können. So kann ein Ball nicht nur als Spielobjekt im Rahmen „Werfen und Bringen“ betrachtet werden, sondern der Hund ist zum Beispiel in der Lage, ihn zu greifen und in einen Behälter zu werfen, wenn ihm das vorher demonstriert wurde. Das deklarative Gedächtnis gehört zum Langzeitgedächtnis und ist dafür zuständig, wichtige Fakten und Ereignisse des eigenen Lebens oder auch vermitteltes Wissen langfristig abzuspeichern.

Fugazza C. & Miklósi A. (2013): Deffered imitation and declarative memory in domestic dogs. Animal Cognition; DOI 10.1007/s10071-013-0656.

... kann mit ein bisschen Training in den Kasten einsortiert werden. Beim Üben neuer Tricks erinnern Hunde sich daran, was sie bereits gelernt und erlebt haben.

6. Manchmal habe ich das Gefühl, meine Hündin versteht mich ohne Worte besser als so mancher Mensch. Stimmt das?

Für Hunde ist der Mensch das Zentrum der Umwelt, ähnlich wie für uns die Sonne. Wir orientieren uns an ihr, richten unsere Tagesaktivitäten und auch unsere Laune häufig nach dem Wetter und der Tageslänge aus. Für Hunde sind wir ein vergleichbarer Orientierungspunkt. Sie sehen, wie wir die Leine oder die Bürotasche in die Hand nehmen, sie beobachten und analysieren uns, um zu wissen, was passieren wird. Aber sie versuchen auch, uns zu manipulieren: Vielleicht hören sie draußen Geräusche, die ihnen verraten, dass ihr bester Kumpel im Garten spielt. Dann kontaktieren sie uns, versuchen eine Aktion zu initiieren, indem sie zum Beispiel die Leine holen. Dieses eigenständige Handeln ist für Hunde abhängig davon, was für sie erlaubt ist – wenn wir einem Hund erlauben, uns etwas zu zeigen, eigene Vorschläge zu machen, dann ist dieser „Dialog" zwischen Hund und Mensch möglich. Das basiert sehr auf der Beziehung. Besonders in der Nachahmungsstudie konnte gezeigt werden, dass die geistigen Fähigkeiten und sozialen Möglichkeiten sehr stark von ihrer sozialen Umgebung beeinflusst werden.

Wie gut ein Hund ein vorgemachtes Verhalten kopieren kann, hängt von seinem sozialen Status und dem Grad der Freiheit ab, die ihm vom Menschen zugestanden wird.

Forschungsstudie | Ranghohe Hunde lernen besser von Menschen

In den vergangenen Jahren konnte in Studien gezeigt werden, dass es deutliche individuelle Unterschiede gibt, wie gut Hunde durch soziales Lernen Probleme lösen können. So wollten die Budapester Forscher um Peter Pongrácz und Ádám Miklósi in einem ersten Versuch testen, welchen Einfluss der soziale Rang eines Hundes auf seine Problemlösefähigkeit haben kann. Dieser Rang wurde durch einen Fragebogen ermittelt, der dem Besitzer vorgelegt wurde. Anschließend sollten die Hunde unter gleichen Bedingungen den Zaun-Test lösen: Ein Spielzeug wurde hinter einem Zaun abgelegt, der in V-Form aufgestellt wurde und dadurch an den Seiten offen war. Die Hunde mussten verstehen, dass sie nicht auf dem direkten Wege zum Spielzeug gelangen konnten, sondern um das offene Zaunende herumlaufen mussten.

Dabei wurden drei Gruppen gebildet: Die erste Gruppe musste das Problem alleine lösen; hier hatte der Rang keinen Einfluss auf die Problemlösefähigkeit. In der zweiten Gruppe wurde die Lösung von einem fremden Hund vorgeführt; hier taten sich die ranghöheren Hunde deutlich schwerer mit dem Kopieren, die rangniedrigeren Hunde hatten dagegen kein Problem damit, das vorgeführte Verhalten zu wiederholen. In der dritten Gruppe wurde die Lösung von einem Menschen vorgeführt; hier schnitten ranghohe und Hunde, die im Rang tiefer angesiedelt waren, gleich gut ab.

Diese Ergebnisse zeigen, dass der Rang einen deutlichen Einfluss auf das soziale Lernen bei Hunden hat, aber dass diese Fähigkeit auch stark von der Spezies des Demonstrators beeinflusst wird: Ranghohe Hunde kopieren am besten das Verhalten von Menschen und interessieren sich wenig für die Aktionen rangniedrigerer Artgenossen.

Im zweiten Versuch aus demselben Jahr wurde kein Hund als Demonstrator ausgebildet. Hier wollten die Forscher sehen, inwieweit der Rang des Hundes Einfluss darauf nehmen könnte, wie gut ein Hund das vom Menschen vorgemachte Verhalten kopiert.

Hier wurde in einer Röhre ein Ball versteckt. Um an den Ball zu kommen, konnte die Röhre entweder mit der Pfote umgeschubst werden oder man zog an einem Seil, das die Röhre öffnete und den Ball herausfallen ließ. Jetzt bildeten die Forscher drei Gruppen: Der ersten Gruppe wurde vom Menschen vorgemacht, wie der Ball durch das

Ziehen am Seil freigegeben wurde, die zweite durfte beobachten, wie die Röhre zu Fall gebracht wurde und dadurch der Ball „freikam", der dritten Kontrollgruppe wurde nichts vorgeführt, sie musste selber auf die Lösung kommen. Gleichzeitig wurde wieder durch einen Besitzer-Fragebogen ermittelt, welchen sozialen Rang ein Hund im Umgang mit Artgenossen innehatte. Die Röhre zu kippen war ziemlich einfach für die Hunde, deshalb war die Kopie dieses Verhaltens für die Hunde der zweiten Gruppe kein Problem und dieser Lösungsweg wurde auch von den Hunden der dritten Gruppe gewählt, die keinen menschlichen Vormacher hatten. Der ersten Gruppe wurde dagegen die im Vergleich komplizierte Demonstration mit dem Ziehen am Seil vorgeführt. Ziel der Forscher war hier zu schauen, inwieweit die Hunde daraufhin ihr Verhalten ändern oder trotzdem beim einfachen Weg bleiben würden.

Das Ergebnis: Der Erfolg bei der Lösung des Problems wird vom sozialen Rang des Hundes beeinflusst. Ganz unabhängig von der Art der Demonstration konnten Hunde mit einem hohen Status unter Artgenossen die Aufgabe signifikant besser kopieren, als die untergeordneten Hunde es taten. Bei der Gruppe ohne Demonstrator gab es keine Unterschiede. Das Experiment hat gezeigt, dass Hunde bevorzugt wiederholen, was ihnen von einem menschlichen Demonstrator vorgemacht wird, auch wenn es einfachere Wege zur Lösung gibt. Hier unterscheiden sie sich von Wölfen, wie die Studien aus Wien gezeigt haben (siehe Seite 90), die besser darin sind, die Problemlösung eines Hundedemonstrators zu wiederholen.

Hunde wiederholen meist das, was ihnen von einem Menschen gezeigt wird.

Fazit aus den Studien: Besonders der Effekt des sozialen Ranges bei der Lösung von Aufgaben sollte in Zukunft bei der Auswertung von Studien mehr berücksichtigt werden: Anscheinend zeigen ranghöhere und rangniedere Hunde unterschiedlich gute Leistungen bei der Kopie von Problemlösungen.

Pongrácz,· Péter; Viktória Vida; Petra Bánhegyi; Ádám Miklósi: How does dominance rank status affect individual and social learning performance in the dog (Canis familiaris)? In: Animal Cognition, DOI 10.1007/s10071-007-0090-7.

Rasse, Persönlichkeit und Erziehung beeinflussen die soziale Intelligenz von Hunden. Deshalb sind große Datenerhebungen notwendig.

7. Wenn Hunde aufgrund ihrer Erziehung, ihres Rangs und ihrer Persönlichkeit so unterschiedlich sind – wie ist es dann überhaupt möglich, allgemeingültige Aussagen aus der Forschung mit ihnen zu gewinnen?

Es gibt tatsächlich unterschiedliche Ergebnisse, je nachdem wo die Hunde aufgewachsen sind. Hunde vom Land sind es meist nicht gewohnt, so intensiv mit Menschen zu interagieren, sie sind schneller gestresst. Stadthunde haben die geringsten Probleme mit der Laborsituation, weil sie viele verschiedene Umweltsituationen kennengelernt haben. Aber die Frage ist gut, denn genau das war einer unserer ersten Gedanken, als wir damit begonnen haben, Studien für Hunde zu entwickeln. Deshalb müssen wir durch eine bestimmte Stichprobengröße in der Lage sein, ein Verhalten, das Hunde in bestimmten Situationen zeigen, für die Mehrheit von ihnen generalisieren zu können. Aber das bedeutet nicht, dass der Dorfhund aus Indien das Problem in dieser Situation genauso lösen würde wie ein Airedale Terrier aus Düsseldorf. Unsere Forschungsergebnisse sind immer nur Annäherungen an die Fähigkeiten und Möglichkeiten von Hunden und die Ergebnisse sagen nur etwas aus über diese untersuchte Population.

8. Immer wieder kann man lesen, dass Studien gezeigt hätten, Hunde oder Wölfe seien intelligenter. Was genau unterscheidet eigentlich Hund und Wolf?

Hund und Wolf – das sind zwei verschiedene Spezies mit ganz unterschiedlichen Talenten und Fähigkeiten. Hunde wurden darauf selektiert, in einer anderen Umwelt als der Wildnis zu leben – ein Prozess, der sich über Hunderttausende von Jahren hingezogen hat und zu Veränderungen im Erbgut geführt hat. Diese Abweichungen in den Genen verursachen nicht nur das vielfältige Aussehen der unterschiedlichen Rassen, sondern auch massive Veränderungen im Verhalten und in den geistigen Möglichkeiten. Hunde zeigen schon als Welpen eine starke Bindungsorientierung an Menschen, sie sind deshalb schon als Welpen ganz anders als Wölfe. Wächst ein Wolf unter Menschen auf, dann ist das für ihn, als lebe er in der falschen Welt. Die Wölfe haben gar kein Bedürfnis, sich einem Menschen anzuschließen, sie sind darauf programmiert, einen Partner zu finden und eigenständig zu werden. Dieses Streben nach totaler Eigenständigkeit hat der Hund überhaupt nicht. Menschen sind für Hunde existentiell wichtig als soziale Unterstützung. Sozialisierte Wölfe sehen einen Menschen dagegen als guten Bekannten, du kannst sie ein bisschen trainieren, aber dieses tiefe Vertrauen entwickelst du nie und er auch nicht.

Der Hund orientiert sich schon als Welpe an uns und bindet sich eng an Menschen. Für den Wolf bleiben wir ein „guter Bekannter“, ansonsten möchte er lieber unter Seinesgleichen leben.

Forschungsergebnis | **Hunde vertrauen unseren Signalen, Wölfe dem, was sie gesehen haben**

Nur weil Hunde in der Lage sind, unsere Signale richtig zu deuten, sind sie nicht unbedingt schlauer. Ihre extreme Menschennähe kann ihnen bei der Lösung von Aufgaben auch im Weg stehen. József Topál vom Family Dog Project hat Kinder, Hunde und Wölfe den berühmten Test „A nicht B“ machen lassen. Dieser Versuch stammt ursprünglich aus der Entwicklungspsychologie. Dabei versteckt ein Forscher ein Spielzeug mehrmals im Versteck A und dann vor den Augen des Kindes plötzlich in Versteck B. Obwohl kleine Kinder den Forscher beim Verstecken beobachten konnten, machen sie den Fehler, das Spielzeug wieder am gewohnten Ort A zu suchen – sie können diesen „Drang“ sozusagen nicht unterdrücken. Topál hat diesen Test auch mit Hunden und Wölfen gemacht, das Ergebnis war deutlich: Hunde machen den gleichen Fehler wie die Kinder. Wölfe aber vertrauen auf das, was sie gesehen haben, und lassen sich durch die vertraute Kommunikation mit dem Menschen nicht in die Irre führen. Die Forscher erklären sich dieses Phänomen damit, dass Hunde und Kinder sehr stark auf Beziehungsreize von Erwachsenen reagieren. Wenn etwas mehrmals in einer Kommunikationssituation stattgefunden hat, dann speichern sie diese Handlung schnell als Ritual ab. Wölfe dagegen ignorieren solche Strukturen und verlassen sich auf das, was sie gesehen haben.

Topál, József; György Gergely; Ágnes Erdo; Gergely Csibra; Ádám Miklósi (2009): Differential Sensitivity to Human Communication in Dogs, Wolves and Human Infants, 4. September 2009 VOL 325 SCIENCE.

Der Auftritt von Wolf und Hund hängt also immer von der Aufgabe ab, vor die wir die beiden Spezies stellen. Hunde lösen Aufgaben besser, bei denen sie mit uns kommunizieren müssen – weil sie es können. Deshalb haben die getesteten Hunde und Wölfe bei dem Signal-Test ganz unterschiedlich abgeschnitten (siehe Forschungsstudie S. 112). Hunde können zum Beispiel einschätzen, was wir sehen und wahrnehmen können (siehe Dunkelheitsstudie von Juliane Kaminski, S. 127). Für unsere sinnlichen Fähigkeiten interessieren sich Wölfe aber wahrscheinlich überhaupt nicht. Genau wissen wir es nicht, weil es noch nicht untersucht wurde. Aber auch Wölfe können etwas über uns lernen, doch es ist für sie keine normale Situation mit uns zusammenzuleben. Deshalb schneiden sie bei ähnlichen Versuchen oft scheinbar schlechter ab (siehe Forschungsstudie unten). Für den Hund gilt: Er hat neue Talente im Zuge der Domestikation dazugewonnen – und andere sind vermutlich verlorengegangen. Aber deshalb würde ich niemals sagen, die eine Spezies ist schlauer als die andere.

Forschungsergebnis | Die Domestikation hat besondere soziale Fähigkeiten bei Hunden entstehen lassen

Eine der spektakulärsten Studien aus Leipzig und Budapest war der Nachweis, dass Hunde in der Lage sind, Zeigegesten des Menschen als Informationshinweis richtig zu nutzen – sie waren damit schon als Welpen ausgewachsenen Wölfen und Schimpansen überlegen. In dieser Untersuchung wollten Miklósi und sein Team genauer hinsehen, wie Hunde und Wölfe in verschiedenen Lebensphasen diese Aufgabe lösten. Dazu wurden Daten genauer angeschaut, die aus Versuchen mit Hunden und Wölfen gewonnen wurden, die von Hand aufgezogen und identisch sozialisiert worden waren. Durch den etwas komplexeren Vergleich der Wölfe und Hunde im Verhalten und in unterschiedlichen Lebensphasen hofften die Forscher, die Entwicklung des Gesten-Verständnisses während des Heranwachsens dokumentieren zu können.

Die Domestikation hat besonders die Kooperationsbereitschaft des Wolfes fokussiert – deshalb sind Hunde schon als Welpen in der Lage, Verbote zu akzeptieren und Tricks lernen zu wollen.

Besonders im Verhalten waren während der Versuche charakteristische Unterschiede zu beobachten: Die Hunde zeigten sich früh kooperativ, die Wölfe benötigten dagegen immer lange, um Augenkontakt mit dem Versuchsleiter herzustellen. Sie rangelten viel mit dem Menschen und bissen als Welpen häufig spielerisch den Versuchsleiter, bevor sie in der Lage waren, sich auf das menschliche Signal und die Aufgabe zu fokussieren.

Doch generell unterschied sich die Leistung der Wolfswelpen nicht von den Hundewelpen. Dies änderte sich aber mit dem Alter: Mit vier Monaten waren Junghunde besser darin, die Zeigegeste richtig zu interpretieren. Bei Jungwölfen hat die frühe und intensive Sozialisation also keinen großen Effekt auf ihre Fähigkeit, unsere Signale richtig zu deuten, denn Junghunde sind ihnen in dieser Entwicklungsphase deutlich überlegen. Das ändert sich aber wieder mit der Zeit: Als erwachsene Tiere können Wölfe wieder aufholen, sie haben dann den gleichen Erfolg bei der Interpretation menschlicher Signale. Die Forscher beschreiben bei ihnen generell eine angestiegene Bereitschaft zur Kooperation.

Hunde leben als Teil der Familie mit uns zusammen und entwickeln unterschiedliche Beziehungen zu den verschiedenen Personen.

Daraus schließen die Forscher, dass erwachsene, von Menschen sozialisierte Wölfe gleich gut wie Hunde darin sind, Zeigegesten zu interpretieren. Dieses verspätete Auftreten, die menschlichen Gesten zu nutzen, zeigt, dass diese wilden Kaniden mit einem geringeren Grad auf intensive Sozialisation reagieren im Vergleich zu Hunden, die schon in ihrer frühen Entwicklung in der Lage sind, aggressive Verhaltensweisen zu kontrollieren und Verbote zu akzeptieren.

Die Wissenschaftler vermuten, dass diese unterschiedliche Entwicklung der Bereitschaft zur Kooperation zeigt, wie sich auch beim Wolf eine wachsende Kooperationsbereitschaft nachweisen lässt, die Basis für die Hund-Mensch-Domestikation. Diese Kooperationsbereitschaft ist über die Jahrtausende beim Hund fokussiert worden und deshalb schon in der Welpenzeit vorhanden und erleichtert damit die frühe Zusammenarbeit von Mensch und Hund.

Gácsi, Márta; Borbá la Gyóri; Zsófia Virányi; Enikó Kubinyi; Friederike Range; Beatrix Belényi; Ádám Miklósi (2009): Explaining Dog Wolf Differences in Utilizing Human Pointing Gestures: Selection for Synergistic Shifts in the Development of Some Social Skills. In: PLoS ONE August 2009, Volume 4, Issue 8, e6584.

Juliane Kaminski: Was wissen Hunde über uns?

Die Wissenschaftlerin im Porträt

Diese Frau ist im Namen der Forschung schon an vielen Orten der Welt gewesen: Sie begann ihre Wissenschaftskarriere im Leipziger Max-Planck-Institut für Evolutionäre Anthropologie und erforschte besonders die Entwicklung sozialer Fähigkeiten an Ziegen, Kleinkindern, Hunden und den großen Menschenaffen des Wolfgang-Koehler-Primaten-Forschungszentrums im Leipziger Zoo. Parallel erweiterte sie ihre Studien immer wieder durch Arbeiten an Schimpansen, die in einer Auffangstation in Afrika leben. Zwischenzeitlich gab sie einige Jahre Vorlesungen in Cambridge und ist im August 2012 zusammen mit ihrem elfjährigen Rhodesian Ridgeback Rüden Ambula in das britische Hafenstädtchen Portsmouth übergesiedelt. In der Universität der beschaulichen Kleinstadt passiert seitdem viel, denn Juliane baut hier ein neues Forschungszentrum für Hunde auf. Bislang gab es in England verstreut einige Arbeitsgruppen, die mit Hunden forschen, ein eigenes Labor wie das in Budapest oder Leipzig mit dem Fokus auf geistige Fähigkeiten der Hunde ist ganz neu. Die deutsche Wissenschaftlerin arbeitet im engen Austausch mit anderen Fachrichtungen der Universität wie der Kleinkinder-Psychologie, dessen entwicklungspsychologische Studien sie für Hunde umsetzt. Durch den Kind-Hund-Vergleich hoffen die Wissenschaftler nachvollziehen zu können, wie sich kognitive und soziale Fähigkeiten im Zuge der menschlichen Evolution und hundlichen Domestikation entwickelt haben könnten. Doch auch außerhalb der Universität kommt sie gerne in Kontakt mit Zwei- und Vierbeinern: „Mir fällt auf, dass die Hunde hier in Portsmouth sehr freundlich sind, besonders auch im Kontakt mit meinem Hund. Hier gibt es auch viel mehr Hunde als in Deutschland – jeder dritte Haushalt hat eine Hund!" Vielleicht liegt es an dieser Hundebegeisterung der Briten, dass das öffentliche Interesse am neuen „Dog-Lab" in Portsmouth sehr groß ist. Bislang hatte sie keine Schwierigkeiten, Probanden für die Tests zu finden, und auch die Pressereaktion auf die ersten Ergebnisse der „Dunkelheitsstudie" (siehe S. 126) war enorm. Bei ihren Forschungen interessiert sich Juliane besonders für die Frage, was Hunde über unsere Perspektive und sinnlichen Fähigkeiten wissen. Um das herauszufinden, testet sie die Hunde am liebsten in Abwesenheit ihrer Besitzer: „Es hat sich bei uns gezeigt, dass Hunde ohne

Juliane führt Hunde gern in Versuchung, Verbote zu brechen: weil man auf diese Weise sehr schön erkennen kann, was sie über unsere sinnlichen und kognitiven Fähigkeiten wissen.

ihre Menschen viel konzentrierter an der Lösung von Aufgaben arbeiten können.“ Mit der Trennung haben die Menschen meist mehr Probleme als der Hund: „Sobald der Besitzer den Raum verlassen hat, ist das für den Hund überhaupt kein Thema, ängstliche Hunde sind die Ausnahme“, erzählt Juliane. Als kleines Dankeschön bekommen die Besitzer am Ende der Studie Videomaterial, auf dem ihr Hund bei der Lösung der Aufgaben zu sehen ist, und Informationen über die Problemlösungsstrategien des Hundes.

Auch Julianes Hund Ambula hat an der Dunkelheitsstudie teilgenommen, natürlich wurde auch er nicht von Juliane, sondern von einem Mitarbeiter getestet. „Aber er hat nicht besonders brillant abgeschlossen“, muss die Wissenschaftlerin zugeben, „besonders gut war er nur darin, sich nicht an Verbote zu halten.“

Und was macht Juliane, wenn sie das Zentrum am Ende eines Forschungstages hinter sich abgeschlossen hat? Dann dreht sie sich um und marschiert mit Ambula direkt ans Meer, das gleich hinter dem Universitätsgelände an die Strandpromenade schwappt. Kein Wunder, dass sie sich sicher ist: „Hier werde ich gerne länger bleiben, in aller Ruhe die Forschung aufbauen und viele spannende Studien entwickeln!“

Die fröhliche Forscherin steckt an mit ihrer Neugierde: Sie hat immer wieder Ideen für neue Studien, mit denen wir die sozialen und kognitiven Fähigkeiten unserer Hunde ergründen können.

Wer eine Grenze überschreitet, muss sein Gegenüber gut kennen und wissen, wie man am besten nicht erwischt wird, oder wieder besänftigen kann.

Fragen an Juliane Kaminski

1. In den meisten deiner Studien geht es darum, dass Hunde uns austricksen und Futter stehlen sollen. Besitzen Hunde ein besonderes Potential als Betrüger?

Trickser, Betrüger, Diebe – das sind natürlich alles ziemlich vermenschlichende Begriffe. Ganz neutral betrachtet geht es Hunden ganz einfach darum, ihre tägliche Futterration zu maximieren. Was wir häufig vergessen ist, dass sie zwar Regeln wie „dieses Steak auf dem Couchtisch ist für dich verboten!" scheinbar akzeptieren – aber natürlich stehen sie in direkter Konkurrenz mit uns um das leckere Stück Fleisch. Sie werden also unser Verbot nur so lange hinnehmen, wie wir als ihre „Chefs" unsere Aufmerksamkeit auf den Leckerbissen richten. Sobald wir aus dem Raum gehen oder zum Beispiel auf dem Sofa einschlafen, wird diese Bereitschaft radikal sinken. Und genau dafür interessieren wir uns: Was wissen Hunde über unsere Perspektive oder unsere sinnlichen Fähigkeiten? Wissen sie, ob ich eine verbotene Leckerei hinter einer Holzwand sehen kann, und wie groß muss diese Barriere sein, damit sie sich trauen das Futter zu klauen? Oder haben sie eine Vorstellung davon, dass ich im Dunkeln den Futterklau nicht so schnell bemerke wie bei Tageslicht? Vielleicht wissen sie, dass ich hören kann, wenn ein Futterversteck raschelt – und wählen deshalb in meiner Gegenwart lieber ein lautloses Futterversteck zum Klauen aus?

Aber dieser Drang, Futter zu erreichen ist nicht „hundetypisch“, sondern ganz normales Verhalten bei vielen sozial lebenden Tierarten. Besonders Mitglieder von sozialen Gruppen, die in der Rangordnung weiter unten stehen, entwickeln Strategien, um an begehrtes Fressen zu kommen – natürlich bevorzugt ohne dass ihr „Chef“ sie dabei erwischt.

Wie geschickt sie dabei vorgehen, kann uns viel darüber verraten, was sie über die Wahrnehmungswelt ihres Gegenübers wissen.

Und genau dieses Hundewissen interessiert uns beim Hund, denn anders als bei anderen Tierarten muss er nicht nur seine Artgenossen in ihren Motivationen und Fähigkeiten richtig einschätzen können, sondern besonders uns Menschen. Wir aber sind eine ganz andere Art mit völlig unterschiedlichen körperlichen und geistigen Möglichkeiten, die sich sehr von seinen eigenen Talenten unterscheiden. Die Frage, die wir uns stellen, lautet also: Was weiß er über uns?

In den ersten Studien, die ich hierzu zusammen mit anderen Forschern wie Michael Tomasello und Juliane Bräuer durchgeführt habe, wollten wir herausfinden, wie wichtig der direkte Blickkontakt zwischen Hund und Mensch ist. Wenn Hunde die Blickrichtung und Aktivität unserer Augen richtig einschätzen, könnte dies bedeuten, dass sie wissen, wann wir aufmerksam sind.

Hunde suchen den Blickkontakt nicht ohne Grund: Aus der Bewegungsrichtung unserer Augen können sie erahnen, wann wir unsere Aufmerksamkeit auf sie richten.

Die Dunkelheitsstudie hat gezeigt: Hunde wissen, wann wir das Futter nicht sehen können. Sie stehlen Leckereien auch dann, wenn im dunklen Raum nur unser Gesicht zu sehen ist.

Forschungsergebnis | Hunde wissen über uns

... wann wir sie ansehen, abgelenkt oder eingeschlafen sind

In mehreren Studien während ihrer Zeit am Institut für Evolutionäre Anthropologie in Leipzig haben Juliane und der Rest des Teams untersucht, wie Hunde die Aufmerksamkeit von Menschen einschätzen können. Dazu setzten sich die Forscher in einen Raum, platzierten ein verbotenes Futter auf dem Boden und verhielten sich in unterschiedlichen Testdurchläufen auf verschiedene Weisen: Sie sahen zum Beispiel den Hund direkt an, spielten ein Computerspiel, saßen mit dem Rücken zu ihm oder schlossen ihre Augen. Dabei kam heraus: Hunde stehlen weniger Futter, wenn ein Mensch sie anschaut, als wenn er ihnen den Rücken zudreht, die Augen schließt oder ein Computerspiel spielt. Sie wissen also, wann wir aufmerksam und wann abgelenkt sind. Offen blieb nach dieser Studie die Frage, ob Hunde wirklich verstehen, was der Mensch sieht, oder ob sie einfach nach der Devise handeln: „Wenn du die Augen eines Menschen siehst, mach nichts Verbotenes!“ Auch mit dieser Ungewissheit im Kopf hat Juliane noch in Leipzig die „Dunkelheitsstudie“ durchgeführt: Hier wurde deutlich, dass Hunde auch dann Futter stehlen, wenn in einem dunklen Raum das Gesicht des Menschen beleuchtet wird, das Futter aber im Dunkeln bleibt (siehe S. 127). Noch ein Weg herauszufinden, ob Hunde räumlich denken und unsere Perspektive einnehmen können oder ob nur die Augen ausreichen, um Futter nicht zu stehlen, war die Versuchsreihe, in der die Forscher mit Barrieren arbeiteten.

Forschungsergebnis | Hunde wissen über uns

... was wir von unserem Platz aus sehen können und was nicht

Dem Hund wurde in dieser Studie von Juliane Bräuer verboten, das Futter zu nehmen. Doch dieses Mal wurde zwischen der verbotenen Leckerei und dem Forscher eine zwei Meter große Barriere errichtet. Auch hier wurden verschiedene Versuchsdurchläufe durchgeführt: Die Größe der Barriere wurde verändert, ihre Durchsichtigkeit und Position.

Das Ergebnis: Im Schutz der zwei Meter großen Holzwand fraßen die Hunde das verbotene Futter ohne große Hemmungen. Sie konnten auch verstehen, wie das Hindernis zum Menschen ausgerichtet stehen musste, damit er den Dieb nicht beim Klauen beobachten konnte. Hier stellten sich die Forscher die Frage, ob die Hunde durch die Wand nicht vielleicht einfach die Anwesenheit des Menschen vergessen hatten, nach dem Motto „aus den Augen, aus dem Sinn“?

Um ganz sicherzugehen, dass Hunde wirklich unsere perspektivische Sicht auf Dinge einnehmen können, wurde in Leipzig deshalb

Weiß er, was ich von meiner Augenhöhe aus sehen kann und was mir verborgen bleibt? Um zu testen, ob Hunde sich in unsere Perspektive hineindenken können, wurden Versuche mit Barrieren durchgeführt.

auch mit einer kleineren Barriere getestet: So konnte der Mensch den Hund beim Futterklau sehen. Zusätzlich wurde mit einer Wand gearbeitet, in die ein Plexiglas-Fenster eingebaut wurde. So konnte der Mensch das Fressstück sehen.

Das Ergebnis: Wenn der Hund oder das verbotene Futter sichtbar war, klauten die Versuchshunde deutlich seltener und wenn doch, dann viel vorsichtiger als im Schutz der großen Barriere. So konnten die Forscher ausschließen, dass die Hunde die Anwesenheit eines Menschen vergaßen – aber sie erkannten, dass ein kleinerer Sichtschutz weniger effektiv als der große ist, und zögerten mehr beim Klauen. Gewundert hat sich das Forscherteam allerdings, dass das Fenster die Hunde nicht abgehalten hat. Sie vermuten, dass die Hunde sich durch die Wand „sicherer" fühlen und deshalb ihre Hemmung überwinden können.

Die Frage, ob Hunde wissen, was wir sehen können, haben wir noch in einem weiteren Versuch untersucht: Dazu haben wir den Menschen so platziert, dass er vor zwei Barrieren gesessen hat. Die eine davon war aus Holz, die andere durchsichtig. Hinter beiden Barrieren lagen Spielzeuge. Jetzt sollte der Mensch ganz ohne ein Richtungssignal, sondern nur mit neutraler Stimme den Hund auffordern, das Spielzeug zu bringen. Die spannende Frage war nun, welchen Gegenstand der Hund wählen würde: den hinter der Holzbarriere, der damit für den Menschen nicht zu sehen war, oder den hinter der Plexiglasscheibe, der im Blickfeld des Menschen lag?

Das Ergebnis: Fast alle Hunde entschieden sich sehr deutlich für das sichtbare Spielzeug hinter der durchsichtigen Barriere. In Kontrollversuchen wurde der Mensch dann auf die gleiche Seite wie der Hund gesetzt, hier wurde vom Hund signifikant seltener ein Unterschied gemacht. In einem weiteren Gegentest saß der Mensch mit dem Rücken zum Hund – auch hier wurde das Spielzeug wahlloser als in der ersten Versuchsbedingung gebracht. Es gab also einen eindeutigen Trend zur durchsichtigen Barriere, wenn das Spielzeug dahinter das einzige war, welches der Mensch sehen konnte. Allerdings kennen wir diese Fähigkeit, sich in die Perspektive eines anderen hineinzuversetzen von anderen Säugetieren auch. Besonders und sogar einzigartig ist aber, dass Hunde die Perspektive und Sinnesleistungen einer anderen Art einbeziehen!

2. Wie konnte aus dem eigenständigen Wildtier Wolf ein Hund werden, der nicht nur eng mit uns leben kann, sondern sogar in der Lage ist, sich in unseren Blick auf die Welt hineinzudenken?
Die Fähigkeiten von Hunden gehen noch viel weiter, sie können nicht nur die momentane Aufmerksamkeit und Perspektive von Menschen analysieren, sondern auch unsere kommunikativen Signale besser als jede andere Tierart richtig deuten und nutzen.

Wir wissen heute durch verschiedene Studien, dass sie besondere Fähigkeiten entwickelt haben, unsere körpersprachlichen, geruchlichen und akustischen Signale richtig zu deuten (siehe hierzu Dorit Feddersen-Petersen, S. 181 und Ádám Miklósi, S. 112). Sie sind in der Lage, unsere Gesten auf etwas Interessantes besser und flexibler als jedes andere Säugetier zu deuten. Dabei ist diese Kommunikationsfähigkeit mit uns Menschen wahrscheinlich bereits genetisch fixiert. Diese Talente könnten im Zuge einer starken Auslese durch Menschen entstanden sein: Hunde durchzufüttern war für unsere Vorfahren aus der Steinzeit mit Kosten verbunden. Hunde, die unnütz waren, landeten deshalb wahrscheinlich im Kochtopf. Möglicherweise fand so eine starke Selektion auf die Fähigkeiten der Kommunikation und Kooperation statt. Eine weitere Hypothese hat mein Kollege Brian Hare aufgestellt. In einer Studie mit Silberfüchsen konnte er nachweisen, dass die Auslese nach Temperamenten eine Auswirkung auf die Fähigkeiten und das Aussehen der Nachkommen hat. So hatten Silberfuchskinder, die von zahmen Eltern abstammten, schnell geringelte Schwänze und Schlappohren und waren in der Lage, den „Bechertest“ (siehe S. 112), also die richtige Deutung menschlicher Signale, genauso gut wie Hunde zu lösen. Die neue Generation von ängstlichen Füchsen veränderte ihr Aussehen nicht und gewann auch keine neuen Talente dazu. Eine Auslese auf die Eigenschaft „Zahmheit“ bei Füchsen hat also dazu geführt, dass sie sich äußerlich veränderten und kommunikativer sowie kooperativer wurden. Brian nennt seine Entdeckung die „Beiprodukt-Hypothese“: Demnach können diese Fähigkeiten als Beiprodukt einer größeren Zahmheit entstehen. Ich bezweifle diesen Zusammenhang nicht direkt, habe aber an der Studie zu kritisieren, dass die Tiere möglicherweise nur auf die ausgestreckte Hand reagierten. Dadurch könnte auch das Ergebnis des Zeigetests verfälscht worden sein, da nur Tiere zur Weiterzucht verwendet wurden, die sich für die Hand neugierig interessierten, anstatt sich ängstlich wegzuducken. Wahrscheinlich ist es wie überall am Ende so, dass mehrere Faktoren zusammenkommen: Die Selektion auf Zahmheit plus Kommunikations- und Kooperationsfähigkeit hat zu den erstaunlichen sozialen Fähigkeiten unserer Hunde geführt, die sie für ein enges Zusammenleben und -arbeiten mit uns Menschen brauchen.

Warum hat sich der Wolf und nicht der Fuchs dem Menschen angeschlossen und wurde domestiziert? Kaminski vermutet, dass mehrere Faktoren zusammenkamen.

Forschungsergebnis | Hunde wissen über uns
... dass die Bewegung unserer Augen ein Hinweis für die Lösung eines Problems sein könnte

Hunde suchen in unserer Augenbewegung konkrete Hinweise für die Lösung von Problemen.

Die Bechertests aus Budapest haben gezeigt, dass Hunde anders als Schimpansen oder Wölfe schon als Welpen auf die Zeigegeste des Menschen richtig reagieren und das Futter unter einem Becher finden. (Auch wenn die Forschungsteams aus Leipzig und Budapest um Ádám Miklósi zeigen konnten, dass die Bereitschaft zur Kooperation bei mit Menschen sozialisierten Wölfen steigt, wenn sie erwachsen werden, siehe Seite 113). Daran anknüpfend wollten wir in Leipzig herausfinden, wie fein die Signale sein können, die Hunde in der Lage sind zu verstehen. Deshalb setzten wir uns zwischen die Becher und schielten irgendwann nur noch zum richtigen Gefäß. Dabei versuchten wir konkret zu vermeiden, andere körperliche Signale zu geben. Durch diese Fixierung auf die Augen des Versuchsleiters wollten wir sicher feststellen können, ob die Hunde wirklich nur auf die Augenbewegungen aufmerksam reagierten.

Das Ergebnis: Die Mehrheit der getesteten Hunde war in der Lage, die Augenbewegung richtig zu interpretieren. Wir waren hier die Ersten, die das zeigen konnten, und diese Ergebnisse wurden in vielen anderen Studien überprüft und bestätigt: Hunde halten nicht nur den Blickkontakt zum Menschen länger als andere Tiere, sie suchen in unserer Augenbewegung auch konkrete Hinweise für die Lösung von Problemen. Der Blickkontakt zu uns und die Signale unserer Augen sind also offensichtlich relevant für die Hunde, durch das Beobachten unserer Blickrichtung gewinnen sie wichtige Informationen. Jetzt wollten wir noch weitergehen und schauen, ob diese Erkenntnis bedeutet, dass Hunde etwas über unser Sehen verstehen.

In der sogenannten „Dunkelheitsstudie" wollten wir überprüfen, ob Hunde sich schneller trauen, ein verbotenes Stück Futter zu fressen, wenn der Raum dunkel ist. Hier war es uns aber wichtig, mehrere Versuchsreihen mit verschiedenen Bedingungen durchzuführen. So war der Raum entweder komplett dunkel oder im dunklen Raum wurde das Licht in einem Fall auf das menschliche Gesicht, im anderen auf das verbotene Futter gelenkt. In Gegentests wurden beide Spots angelassen, in einem Kontrollversuch war der ganze Raum hell erleuchtet.

Forschungsergebnisse | Hunde wissen über uns

... dass wir im Dunkeln schlechter sehen können

Lag der Raum in totaler Finsternis, zögerten die Hunde nur kurz und machten sich dann schnell über das verbotene Stück Futter her. Daraus schließen die Forscher, dass Hunde wissen, dass Menschen im Dunkeln nicht sehen können.

... dass wir beleuchtete Dinge besser im Blick haben

Wurde ein Spot gezielt auf das Futterstück gerichtet, zögerten die Hunde länger oder entschieden sich gegen den Futterklau. Aber wenn in diesem Moment der Versuchsleiter den Raum verließ, vertilgten die meisten Kandidaten das hell erleuchtete Futter sogar schneller als im Schutz der Dunkelheit. Hunde scheinen also tatsächlich zu verstehen, ob der Mensch sein Essen und einen potenziellen Dieb im Blick hat oder nicht.

... dass die Sichtbarkeit unserer Augen ein Hinweis darauf sein könnte, dass wir sie im Blick haben, aber nur, wenn der ganze Raum hell erleuchtet ist

Wurde das Gesicht eines Menschen vom Spotlight der Lampe im dunklen Raum erleuchtet, interessierte das die Hunde weit weniger. Das hatten die Forscher eigentlich anders erwartet, denn in anderen Untersuchungen konnten Hunde sehr gut erkennen, ob Menschen aufmerksam waren oder durch unsere Tageszeitung oder ein Mittagsschläfchen abgelenkt sind (siehe S. 121). In dieser Studie hielt das Schlaglicht auf die Augen des Versuchsleiters die Testhunde aber nicht grundsätzlich vom Stehlen ab, sie klauten nur signifikant weniger und vor allen Dingen langsamer als in völliger Dunkelheit. Der bloße Anblick eines Menschen hält sie also offenbar nicht vom Stehlen ab, vielleicht wussten sie tatsächlich auch, dass das Futter trotz des erleuchteten Gesichts noch im Schutz der Dunkelheit lag.

Fazit: Hunde wissen demnach ziemlich viel über unser Sehen. Sie kennen den Unterschied, ob unser Gesicht in einem hellen oder einem dunklen Raum zu sehen ist und was das für den „Tatbestand" des Diebstahles bedeutet – sie passen ihre Futterklaustrategien also ganz den Gegebenheiten der Umwelt und unserer Aufmerksamkeitshaltung an.

3. Doch ist der Drang, die eigene Futteraufnahme zu optimieren, nicht doch mit einer besonderen Persönlichkeit oder sogar dem Geschlecht verbunden?

Natürlich können die Persönlichkeit, die Rasse und auch das Geschlecht eine Rolle dabei spielen, wie schnell der Hund sich traut ein Verbot zu brechen. Manche Rassen waren vorsichtiger als andere und Hündinnen waren tendenziell etwas braver als Rüden und haben das Futter auch langsamer aufgenommen. Doch bei Versuchen, in denen die geistigen Fähigkeiten und auch die Flexibilität untersucht wurde, konnten keine großen Rasse- oder Geschlechterunterschiede festgestellt werden.

4. Meine Hündin Erna ist immer pünktlich zur Fresszeit sehr anhänglich. Ich vermute, dass ihre Liebeserklärungen eigentlich dazu dienen, mich an ihren leeren Napf zu erinnern?

Wir wissen wenig darüber, was Hunde gezielt machen, um uns oder Artgenossen zu manipulieren. Aber wir haben gesehen, dass sie gut darin sind, Signale zu empfangen und zu deuten. Für den Fall der Vortäuschungssignale vermute ich, dass Hunde hier gelernt haben, bestimmte emotionale Zustände – wie zum Beispiel Hunger – mit bestimmten Verhaltensweisen zu verknüpfen, besonders wenn dieses System in der Vergangenheit zu Erfolg geführt hat. Wenn wir zum Beispiel sein Futter zubereiten nachdem der Hund Kuschelkontakt gesucht hat, dann wird er diese Strategie wahrscheinlich öfter anwenden. Die Verhaltensforschung ist aktuell mit einer ganz ähnlichen Untersuchung der Gesichtsmimik von Hunden beschäftigt, die durch menschliche Studien inspiriert wurde. Es gibt ein System, das sich mit der Codierung und Decodierung von Muskelbewegungen im Gesicht beschäftigt, das sogenannte „FACS“ (Facial Action Coding System). Dabei wird genau geschaut, welche Muskelbewegung welche Bewegung im Gesicht bewirkt. Dieses System haben wir für Hunde weiterentwickelt, dabei hat uns eine Wissenschaftlerin der Anatomie aus den USA unterstützt. Es gibt hierzu ja schon die sehr ausführlichen Arbeiten von Dorit Feddersen-Petersen, die aber auf Beschreibungen und Zeichnungen beruhen. Wir wollen aktuell wissen, ob ein Gesichtsausdruck des Hundes Einfluss auf uns Menschen hat. Dazu analysierten wir, ob Tierheimhunde, die häufiger eine bestimmte Gesichtsbewegung machen – also zum Beispiel Augenbrauen hochziehen, so dass die Augen größer und kindlicher wirken – schneller aus dem Tierheim in ein neues Zuhause geholt werden als Hunde, die das selten tun. Wir vermuten, dass die Leute unbewusst auf Bewegungen der Mimik reagieren, die das Gesicht des Hundes kindlicher erscheinen lassen. Aber wir gehen eher nicht davon aus, dass die Hunde dieses Signal „bewusst“ einsetzen, um den Menschen zu manipulieren.

Wir vermuten, dass Hunde in bestimmten Situationen – zum Beispiel wenn sie Hunger haben oder ausgehen möchten – gelernt haben welche Gesten eine Wirkung auf uns Menschen haben. Durch diesen Lerneffekt suchen sie den Blickkontakt. Das sind wahrscheinlich sehr spezielle Strategien nach dem Motto: „Ich will das Futter haben und ich habe gelernt, wie ich euch dazu bringe“ (siehe hierzu auch Adam Mikosi, S. 106).

Diese Studien wurden bislang mit fremden Versuchspersonen durchgeführt, als Nächstes wollen wir testen, ob Hunde diese Mimik bei ihren Besitzern genauso oder anders einsetzen.

Hunde lernen schnell, mit welchen Aktionen sie unser Verhalten beeinflussen können.

Forschungsergebnisse | Hunde wissen über uns

... dass wir hören können

Um herausfinden zu können, ob Hunde nicht nur wissen, dass wir sehen, sondern auch hören können, hat ein amerikanisches Forscherteam einen sehr interessanten Test gemacht: Wieder ging es um verbotenes Futter, das in einem lauten und einem leisen Behälter verstaut wurde. Im lauten Behälter war eine Glocke befestigt, die beim Hineinlegen des Futterstückes läutete. Dann drehte der Forscher dem Gefäß den Rücken zu und beachtete den Hund nicht mehr.

Das Ergebnis: Fast alle Hunde wählten das „leise" Versteck zum Futterklau aus! Wir haben diese Studie hier in England wiederholt, mit dem gleichen Ergebnis – damit wurde deutlich, dass Hunde wissen, dass wir hören können, und diese Erkenntnis mit einplanen, wenn sie versuchen, Futter zu stehlen.

Auch durch diesen Versuch wurde wieder deutlich, dass es viele Anzeichen dafür gibt, dass Hunde unsere Perspektive im Zusammenleben mit uns im Blick haben. Denn sie stehlen nicht nur Futter, wenn wir sie nicht oder schlecht sehen können, sondern auch, wenn wir sie nicht hören können. Und sie kommunizieren mit uns, indem sie sogar feinste Signale wie die Bewegung unserer Augen interpretieren.

5. Haben Hunde eigentlich eine Vorstellung von der unbelebten Umwelt, also zum Beispiel von Gesetzmäßigkeiten der Physik?

Zum Verständnis über die unbelebte Umwelt oder zur Logik gibt es nicht viele Studien. Die wenigen, die bislang durchgeführt wurden, deuten aber darauf hin, dass Hunde hier Schwierigkeiten haben. Wenn ich zum Beispiel zwei Dosen schüttele und nur in einer befinden sich raschelnde Leckerlis, versteht der Hund nicht, dass er diesen Becher wählen soll – er entscheidet sich immer für den, der als Letztes berührt wurde. Auch wenn wir Maschinen die Dosen schütteln lassen, wählen Hunde hier nach dem Zufallsprinzip. Für einen Schimpansen ist die Lösung dieser Aufgabe dagegen kein Problem. Auch das Hunde-Wissen von der „Objektpermanenz", also dass Dinge auch dann noch existieren, wenn sie gerade nicht zu sehen sind, ist gering und nicht besonders stark ausgeprägt. Hier steht Hunden unsere Hand im Weg, sie lassen sich leicht ablenken (Bloch, siehe S. 27). Das bedeutet: Wenn wir ein Objekt berühren, wird es für den Hund interessant, er konzen-

Hunde lassen sich schnell durch Stimuli von ihrem Tun ablenken. So interessieren sie sich meistens am stärksten für das Objekt, welches als letztes von uns berührt wurde.

triert sich eher auf unsere Hand als Verstärker, statt ein Objekt, unter dem Futter versteckt wurde, mit Blicken zu fixieren und zu verfolgen. Da gibt es zum Beispiel den Hütchentest: Hier wird wie bei dem beliebten Jahrmarktspiel unter einem Hut Futter versteckt, anschließend bewegt der Versuchsleiter diesen Hut um zwei weitere und lässt am Ende dem Versuchstier die Qual der Wahl. Schimpansen lösen diese Aufgabe mit links: Sie behalten den Becher im Auge und wissen genau, wo das Futter versteckt ist. Hunde haben große Schwierigkeiten damit, sie gehen meistens dahin, wo sie das Futter zum letzten Mal gesehen haben, auch bei einer Rotation um nur 180 Grad! Auch das Wissen um Erdanziehung wurde von der Wissenschaftlerin Britta Osthaus untersucht. Dazu hat sie Futter durch eine senkrechte Röhre oder in eine rechts abbiegende Röhre fallen lassen, jeweils senkrecht unter dem Einwurfloch und unter der tatsächlichen Öffnung stand ein Napf.

Das Ergebnis: Fast alle Hunde rannten intuitiv zum Napf unter dem Einwurfloch, sie verstanden also nicht, dass die Röhre den Fall des Futters ablenkt. Daraus könnte man interpretieren, dass sie ein Verständnis von der Erdanziehungskraft haben. Um zu überprüfen, ob dies bereits genetisch veranlagt oder im Laufe des Lebens gelernt wurde, wäre es allerding nötig, diesen Versuch mit jungen Welpen zu wiederholen. Erst dann wäre klar, ob Hunde tatsächlich ein universelles Grundverständnis für Erdanziehungskraft zeigen.

6. Sind Hunderassen unterschiedlich schlau?

Die Frage, ob ein Hund schlauer als ein Schimpanse ist oder ein Border Collie klüger als ein Pudel, wird mir häufig gestellt, macht aber überhaupt keinen Sinn. Das ist so als wenn ich sagen würde, dass ein Hammer ein besseres Werkzeug ist als ein Schraubenzieher – jedes Werkzeug ist entstanden, weil es ein besonderes Problem lösen sollte oder – im Falle der Hunderassen – weil ein neues Bedürfnis im Menschen entstanden ist. Der Mensch brauchte Hilfe beim Zusammenhalten von Schaf-, Rinder- und Pferdeherden, beim Jagen von Wild oder beim Bewachen seiner Güter. Für all diese Aufgaben müssen die Hunde ganz unterschiedliche Fähigkeiten mitbringen. Wenn wir die Intelligenz von Säugetieren testen, dann möchten wir die Strategien entdecken, die eine Art oder ein Individuum nutzt und die sie so erfolgreich macht, und entdecken, warum sie sich verbreiten und auf der Erde behaupten kann. Wir gucken also nicht, ob ein Glas voll oder leer ist, sondern wir entdecken verschiedene Arten von Intelligenz. Die Frage ist also nicht, welches Tier das schlaueste ist, sondern warum sie ein bestimmtes Verhalten zeigen, das ihnen Erfolg bringt. Deshalb lieben wir unseren Boxer, weil er schnell Freund und Feind unterscheiden kann, und sind begeistert von unserem Border Collie, weil der unser Kind am Strand im Blick behält und einkreist, wenn es sich zu weit entfernt.

Hunderassen haben unterschiedliche Talente, ein Hinweis auf verschieden hohe Intelligenzquotienten ist das aber nicht. Rasseeigenschaften sind durch die Arbeitsgebiete entstanden, für die Hunde als Helfer gebraucht wurden.

7. Wir geben ihnen Signale, erzählen von großem Kummer und Freude oder informieren sie darüber, was wir als Nächstes tun werden. Verstehen Hunde eigentlich die Bedeutung von Wörtern?

Das habe ich Anfangs angezweifelt. Wie Millionen andere Fernsehzuschauer habe ich 1997 „Wetten Dass“ geguckt und den Hund Rico dabei beobachtet, wie er aus einem Haufen Kuscheltiere zielgenau fünf auf Zuruf heraussuchte. Damals dachte ich, er würde auf kleine Zeichen seiner Besitzerin reagieren. Deshalb haben wir mit dem Border Collie eine Studie durchgeführt und konnten feststellen, dass Hunde tatsächlich einen gewissen Wortschatz erwerben können. Dabei lernen sie Wörter nach dem gleichen Ausschluss-Prinzip, wie Kleinkinder dies tun, wenn sie täglich neue Begriffe lernen. Hierzu haben wir den Kindern und Hunden Spielzeuge präsentiert, von denen ihnen zwei bekannt und eines unbekannt waren. Dann forderte der Versuchsleiter den Hund oder das Kind auf, das unbekannte Kuscheltier zu holen. Da Kinder wie Hunde wussten, dass der neue Begriff nicht auf die bekannten Spielzeuge passte, wählten sie – nach dem Ausschlussprinzip – das unbekannte Tier und brachten es dem Versuchsleiter. Einige Hunde waren auf diese Weise in der Lage, über 1.000 Begriffe zu lernen. Allerdings waren die Versuchskontrollen und Variationen des Versuches im Ergebnis nicht mehr ganz so überzeugend. Auffällig ist, dass besonders Border Collies richtige Streber sind, wenn es um das Vokabelpauken geht, andere Hunde haben weit weniger Interesse daran, Begriffe Spielzeugen zuordnen zu können. Deshalb fragen wir uns zurzeit: Warum können manche Hunde Begriffe unterscheiden und andere nicht? Im Moment haben wir sieben Hunde, die das können. Sechs davon sind Border Collies. Sind diese Hütehunde vielleicht viel besser im Unterscheidungshören? Allerdings fällt auf, dass manche Border Collies das aber auch gar nicht können! Ich interessiere mich sehr dafür, ob das von der extremen Selektion nach Kooperationsfähigkeit mit dem Schäfer abhängt, die man aber heute nur noch in Leistungszuchten in den Schottischen Highlands antrifft. So einen Schäfer, der seine Hunde radikal nach Leistung aussortiert, würde ich gerne kontaktieren und dessen Hunde testen und sie vergleichen mit den Hunden, die nur noch für Ausstellungen und auf Schönheit gezüchtet wurden. Es wäre spannend zu sehen, wie schnell sich solche Fähigkeiten verwässern lassen.

Zur Zeit wird untersucht, ob Collies ein besonderes „Sprachtalent“ besitzen: Sie sind anscheinend die Besten aller Rassen in der Disziplin „Vokabeln pauken“.

8. Es gibt unzählige Methoden, Hunde zu erziehen. Wie lernen Hunde eigentlich am besten?

Als soziales Lerntier sind Hunde darauf „programmiert", andere zu beobachten, denn das hilft ihnen in ihrer sozialen Gruppe und bei der Lösung von Problemen schneller zum Erfolg zu kommen. Die Frage, die wir Forscher uns stellen, ist dabei: Welche Mechanismen spielen eine Rolle, also wird z. B. genau darauf geachtet, wie ein Artgenosse oder Mensch ein Problem löst, und wird das dann genauso wiederholt? Das würde man in der Verhaltensforschung als „selektive Imitation" bezeichnen. Oder achten Hunde kaum auf ein „wie", sondern bekommen einzelne Verstärker mehr Aufmerksamkeit? Das wäre z. B. dann der Fall, wenn ein klingelndes Auto um einen Zaun herum zu einem Stück Frikadelle fährt und dem Hund so den Weg um dieses Hindernis herum zeigt und der Hund diesem Hinweis folgt. Bei letzterem Mechanismus konzentrieren sich Hunde auf auffällige Reize und weniger auf Details, das Lernen ist hier eine Mischung aus Beobachtung und „Try & Error". So kommen sie eher durch Zufall zum Erfolg und merken sich diese Strategie. Diese Form des Lernens nennen Wissenschaftler das „Stimuli-basierte Lernen". Zu beiden Lernstrategien wurden Versuche durchgeführt (siehe rechts) und es ist leider nicht ganz deutlich geworden, was genau die Masse der Hunde beim Lernen bevorzugt. Wahrscheinlich ist es eine Mischung aus beiden, wobei ich dazu tendiere, Hunde eher als Typ „Stimuli-basierter Lerner" einzuschätzen.

Hunde, die eigenständig den Weg um den Zaun herum finden müssen, brauchen länger als Kandidaten, denen der Weg gezeigt wurde. Dafür sind sie in der Lage, ihre Strategie flexibel anzupassen: So nutzten sie im zweiten Versuch ein Loch im Zaun als Abkürzung, während die andere Gruppe weiter den alten Weg verfolgte.

Forschungsergebnis | „Stimuli-basiertes Lernen"

„Es lohnt sich, auffällige Dinge zu beobachten"

Am Dog Cognition Lab in Budapest hat Peter Pongrácz in seiner berühmten Zaun-Studie versucht zu ermitteln, wie Hunde durch Imitation lernen. Dazu konfrontierte er sie mit einem Zaun, hinter dem ein Leckerchen oder ein tolles Spielzeug lag. Der Zaun war hinten an beiden Seiten offen, nur direkt vor der Hundenase unüberwindbar dicht. Die Hunde wurden in vier verschiedene Gruppen eingeteilt: Der ersten Gruppe wurde gar nicht bei der Lösung des Problems geholfen. Der zweiten Gruppe zeigte ein Hund, der dritten ein Mensch und der vierten ein ferngesteuertes Spielzeugauto den Weg um den Zaun.

Das Ergebnis: Die Hunde ohne Hilfe brauchten am längsten zur Lösung des Problems. Die anderen Gruppen hatten alle gleich schnell Erfolg: Es war also egal, ob eine Maschine, ein Artgenosse oder ein Mensch die Lösung zeigte. In einem zweiten Versuchsdurchgang wurde dann ein Loch in den Zaun montiert. Interessant war jetzt, dass alle Hunde, denen eine Lösung gezeigt worden war, trotzdem weiter um den Zaun herumliefen, während die Hunde der ersten Gruppe, die selber auf die Lösung kommen mussten, sofort den Vorteil der Lücke erkannten und die Abkürzung nahmen. Als Schlussfolgerung aus diesen Ergebnissen können wir nicht davon ausgehen, dass wirklich Verhalten beobachtet wird, sondern dass Hunde auf Verstärker reagieren, es sich hier also um ein auf Stimuli basiertes Lernen handelt.

Forschungsergebnis | „Selektive Imitation"

„Aktionen werden nur kopiert, wenn sie Sinn machen"

Das Wiener Verhaltensforscherteam vom Messerli-Institut um Friederike Range hat einen weiteren wichtigen Versuch zum Lernverhalten durchgeführt. Hier sollte geschaut werden, wie genau Hunde das Verhalten eines Artgenossen beobachten und ob sie erkennen können, ob und wann ein Verhalten wirklich Sinn macht. Tatsächlich ergab dieser Versuch, dass die Hunde selektiv imitierten: In einem Experiment sollten die Hunde eine Futterbox öffnen, indem sie einen Holzstab bewegten. Dazu benutzen die meisten Hunde intuitiv ihr Maul. Die Forscher dressierten nun aber eine Hündin darauf, den Holzstab mit der Pfote zu bewegen, und zeigten den anderen Hunden diese Lösungsstrategie.

Hunde, die sich auf unsere soziale Unterstützung verlassen können und viele Umwelterfahrungen machen durften, gehen mit stressigen Lebenssituationen gelassen und vertrauensvoll um.

Dabei gab es zwei Demonstrationsvarianten: In der einen hatte die Hündin einen Ball im Maul, in der anderen Variante nicht.

Das Ergebnis: Solange der Hund nichts im Maul hatte, schien dieses Verhalten für die anderen Hunde Sinn zu machen und sie imitierten es. Doch wenn der Hund einen Ball im Maul hatte, schlossen die Hunde daraus anscheinend, dass er deswegen die Box mit der Pfote öffnen musste – und ahmten diese Strategie nicht nach. Anscheinend erschien es ihnen nicht mehr sinnvoll, eventuell weil der Demonstrationshund im Gegensatz zu ihnen daran gehindert war, die Box mit dem Maul zu öffnen.

Mit dem Ergebnis der Wiener Studie habe ich ein wenig Schwierigkeiten, denn wenn Hunde tatsächlich selektiv imitieren würden, müssten sie auch uns nachahmen und genau darauf achten, wie wir bestimmte Dinge tun. Aber kein Hund versteht, dass ein Schlüssel im Schloss gedreht werden muss oder wie sich eine Kühlschranktür öffnen lässt, hinter der viele leckere Dinge darauf warten, gefressen zu werden. Wären Hunde tatsächlich zu selektiver Imitation in der Lage, wäre das Zusammenleben mit ihnen sehr viel mühsamer ... diese Art zu lernen ist tatsächlich sehr menschlich. Wir lernen durch Beobachten, wie wir eine Dose öffnen, dass man einen Schlüssel im Schloss zum Türöffnen drehen muss oder wie man abwäscht. Auch Schimpansen profitieren davon, andere zu beobachten, wie diese ein Problem lösen – aber auch sie finden für die Lösung ihren eigenen Weg. Ganz selten kopieren sie die ganze Handlung. Auch in anderen Studien konnten wir feststellen, dass es nicht immer Imitation ist, die zum Lernerfolg beim Hund führt, sondern vor allen Dingen der „lokale Verstärker“ wie zum Beispiel beim Test mit den Bechern, bei denen einer raschelt und damit verraten könnte, wo die Leckerlis versteckt sind (siehe S. 131). Aus diesen Ergebnissen wird deutlich, dass alles, was Menschen berühren, für den Hund spannend ist und er seine Aufmerksamkeit darauf fokussiert und auf diese Weise lernt. Dazu kommt unsere soziale Unterstützung: Wenn ich ein guter Lehrer bin, der den Hund in seinem Tun und Selbstbewusstsein bekräftigt, dann führt dies auch dazu, dass ein Hund effektiver und schnell lernen kann. Letztendlich ist es also nicht das Geschlecht oder die Rasse, sondern der Mensch, der dafür sorgt, wie gut ein Hund eigenständig Probleme lösen und Neues lernen kann.

Nicht das Geschlecht oder die Rasse, sondern der Mensch sorgt dafür, wie gut ein Hund Neues lernen kann.

Forschen Sie mit!

Sie möchten selber mit Ihrem Hund an Versuchen teilnehmen? Dann brauchen Sie nicht mehr nach Leipzig, Budapest oder Portsmouth zu reisen, sondern können jetzt ganz bequem von zuhause aus mitmachen. „DOGNITION“ heißt das Programm, bei dem Hundehalter die Problemlösefähigkeit ihrer Hunde testen können. Entwickelt wurden die Versuchsanleitungen via Video vom US-Forscher Brian Hare zusammen mit Ádám Miklósi und Juliane Kaminski, eine Firma erstellte die nötige Software. „DOGNITION“ ist natürlich nicht ganz frei von Eigennutz: Durch die Teilnahme erhoffen sich die Forscher größere Datensätze, die Studienergebnisse noch signifikanter machen können. Außerdem können noch offene Fragen zum Beispiel zu Rassen-, Persönlichkeits-, Erziehungs- oder Geschlechterunterschieden bei der Lösung von Aufgaben geklärt werden. Neugierig geworden? Dann schnell mitmachen unter www.dognition.com.

Udo Gansloßer: Stress, Hormone und Gerüche

Der Wissenschaftler im Porträt

An diesem Abend in Düsseldorf ist die Veranstaltungshalle schon früh gefüllt, aufgeregt tuscheln Hundetrainer und Hundehalter miteinander, ein paar alte Hunde liegen mit müden Köpfen auf den Pfoten und schlafen scheinbar fest, jüngere Kandidaten begutachten aufmerksam jeden neuen Gast, der den Vorlesungssaal betritt.

Udo Gansloßer steht mitten unter ihnen, begrüßt bekannte Gesichter, freut sich über Geschichten zu den Hunden und beantwortet geduldig viele Fragen. Schließlich macht er sich auf Wink von Veranstalterin Ulla Bergob auf den Weg zur Bühne. Und was jetzt passiert, ist legendär: Zwei Stunden steht er dort und referiert – teilweise mit konzentriert geschlossenen Augen – zum Thema Hund. Dabei zitiert er aus aktuellen Studien, zieht immer wieder den Vergleich zu unserem Alltag mit Hund, mischt Erkenntnisse der Wissenschaftler mit Anekdoten aus seiner Arbeit mit Hunden und deren Menschen aus der Verhaltensberatung. Kein einziges Bild wird durch einen Beamer an die Wand geworfen, keine statistische Kurve gemalt oder Stichworte dem Zuhörer als Orientierungshilfe durch den Vortrag geboten. Trotzdem gehen die Menschen am Ende glücklich und bereichert nach Hause, sie sind schlauer als vorher und betrachten ihre Hunde mit anderen Augen, aus denen oft offener Stolz blitzt über dieses besondere Tier, mit dem sie ein tiefes Band der Freundschaft verbindet.

An solchen Abenden kann jeder erleben, was für Udo wichtig ist: Durch die Verbreitung eines fundierten Wissens über die Natur und Tierwelt möchte er zu einem besseren Miteinander beitragen – nicht nur von Mensch zu Hund, auch die Verbindung zu anderen Tierarten wird deutlich, der Menschen untereinander und zur Natur im Allgemeinen. Denn wenn wir Tiere und Natur schützen wollen, so seine Argumentation, dann brauchen wir Kenntnis von biologischen Zusammenhängen. Wir müssen verstehen, wie natürliche soziale und ökologische Systeme funktionieren. Wie Wölfe in Gruppen zusammenleben wird zum Beispiel vom Nahrungsangebot oder Tourismus in ihrem Territorium beeinflusst (siehe Bloch, S. 20). Getragen von der Faszination über die Erscheinungen der Natur ist das Element des Wissens für ihn die perfekte Ausgangslage, um auch den Hund so zu verstehen, wie unsere Beziehung zu ihm sein sollte: einfühlsam und kenntnisreich.

Udo mit „Balou“, dem Hund von Ulla Bergob. Die beiden kennen sich gut, weil Udo regelmäßig zu Seminaren und Vorträgen in Düsseldorf zu Gast ist.

So können wir uns ihm gegenüber sinnvoll verhalten, er kann uns verstehen, einschätzen und sich an unserer Seite sicher fühlen. Gleichzeitig lernt er uns von Welpenbeinen an zu schätzen, wenn wir klar in der Kommunikation auftreten und ihm Herausforderungen bieten – auf für ihn verständliche Weise, nicht durch angelesene Theorien zur Konditionierung von erwünschten Verhaltensweisen. Sein Leitsatz für Hundehalter lautet dabei: Eine Beziehung muss man sich verdienen.

Dieser natürliche Umgang mit Hunden, den er in seinen Vorträgen bestärken möchte, macht ihn zu einem der am häufigsten eingeladenen Referenten in Hundeschulen und für Hundeseminare der Gegenwart in Deutschland, der Schweiz und in Österreich.

Hauptberuflich ist Udo Gansloßer an mehreren Universitäten tätig: als Privatdozent für Zoologie an der Universität Greifswald, am Institut für Spezielle Zoologie der Universität Jena in der Tiergartenbiologie, in Würzburg lehrt er Biostatistik und in Leipzig und Osnabrück erklärt er Studenten der Tiermedizin Sozialverhalten. Mit diesem fundierten wissenschaftlich geprägten Hintergrundwissen berät er außerdem Zoos, Tierparks und Tierheime zur optimalen Unterbringung von Tieren. Seine Karriere hat er in Heidelberg mit dem Biologiestudium begonnen, das er mit einer Dissertation über Baumkängurus abschloss und sich anschließend auf das Sozialverhalten der Kängurus spezialisierte.

Auf den Hund gekommen ist er durch seinen Hund Wilhelm, der ihn und seine Frau 14 Jahre durchs Leben begleitet hat und ein geliebter Spielkamerad für den Sohn war. Schließlich betreute er ab 2007 die Studien an den „Pizza-Hunden“ in Zusammenarbeit mit Günther Bloch (siehe S. 25) und veröffentlichte den Sachbuchbestseller „Verhaltensbiologie für Hundehalter“ – der Startschuss für seine zweite Karriere in der Hundeszene. Die Arbeit für Hundeschulen und die beratende Tätigkeit für Hundehalter ist eine Ergänzung seiner wissenschaftlichen Arbeit, die für ihn Sinn macht. Denn der Bogen vom „besten Freund des Menschen“ zum Rest der Tierwelt ist für ihn leicht zu spannen: Er möchte seine Faszination und das geballte Wissen über die vielfältigen Erscheinungen der Natur weitergeben. „Nur wer neben der Faszination noch viel weiß, kann sich unseren Mitgeschöpfen gegenüber sinn- und respektvoll verhalten, das beginnt beim eigenen Hund und reicht bis zum Ökosystem am anderen Ende der Welt.“

Fragen an Udo Gansloßer

1. Was ist Stress für Hunde und wie viel davon verträgt ein Hund?

Stress entsteht allgemein, wenn ein Tier in seiner Anpassungsfähigkeit überfordert ist, das heißt nicht mehr in der Lage ist, durch eigenes Tun Belastungen in seiner sozialen, ökologischen oder gesundheitlichen Situation zu steuern. Bei Hunden ist zum Beispiel viel mehr Stress messbar, wenn sie die Quelle eines lauten Geräusches nicht lokalisieren, als wenn sie den Lärmverursacher sehen und einordnen können.

Wie viel ein Hund an Stress verträgt, ist von Individuum zu Individuum sehr unterschiedlich. So kann für manche Hunde ein Flug im Frachtraum eines Flugzeuges ein traumatisierendes Erlebnis sein, während andere Artgenossen zwar mit Stress reagieren, aber gleichzeitig noch Verhaltensweisen wie Neugierde und freundliche Kontaktaufnahme zeigen. Dieser unterschiedliche Umgang mit stressigen Situationen hängt von verschiedenen Faktoren ab: zum Beispiel ob in der Vergangenheit ähnliche, positiv verlaufende Erfahrungen mit einer langen Reise in geräuschstarker Umgebung gemacht wurden und wie viel Sicherheit die Besitzer ihren Hunden in diesen Situationen geben. Ein Hund, der niemals eigene Erfahrungen machen darf und sich nur unter starker Kontrolle des Besitzers durch seine Welt bewegen kann, wird weniger gelernt haben, Probleme alleine zu meistern, und reagiert auf neue Situationen schnell mit Überforderung (siehe auch Ádám Miklósi, S. 102).

Stress auszuhalten müssen auch Hunde lernen. Wichtig ist, dass die Reize der Umwelt langsam gesteigert werden und Hunde ausreichend Phasen der Entspannung bekommen.

Die Fähigkeit zur Stressbewältigung ist also auch eine Sache der Sozialisierung und Erziehung. Das hat besonders die unsägliche Diskussion über die Verwendung von Abbruchsignalen in der Erziehung gezeigt. Hier ging es darum, ob wir als menschliche Erzieher Konflikte eher vermeiden und mit Problemen im Alltag durch Ablenkungsmanöver umgehen, oder ob wir uns bewusst auf einen Konflikt einlassen und dem Hund eine deutliche Ansage geben können, ein unerwünschtes Verhalten zu unterlassen. Als Beispiel sei hier die Tendenz junger Hunde genannt, alles was sich bewegt, verfolgen zu wollen. Hier könnte man also, um den Konflikt mit dem Hund zu vermeiden und ihn dadurch nicht zu stressen, eine Handvoll Leckereien auf den Boden werfen, sobald ein Jogger an uns vorbeirennt. Oder wir lassen es darauf ankommen, lassen den jungen Hund schauen und in dem Moment, wenn er zur Verfolgungsjagd ansetzen möchte, unterbinden wir dieses Verhalten schon im Ansatz durch eine klare Ansage und deutliches Einschreiten.

Diese Diskussion zeigt, dass viele Menschen ein völlig falsches Verständnis von Situationen haben, die für Hunde wirklich stressbelastet sind. Schauen wir mal in die Kinderstube der Hunde: Wenn Hunde einander mal durch Abbruchsignale die Meinung sagen, entsteht für sie dabei keineswegs unerträglicher Stress. Das liegt daran, dass sie sich erstens meist schnell wieder versöhnen, sie zweitens

Hunde gestehen einander zu, sich gegenseitig die Meinung sagen zu dürfen. Das sorgt im Normalfall nicht für Eskalation oder Bindungsabbruch, sondern für klare Verhältnisse.

„Nachtragend-Sein“ nicht kennen. Der Zurechtgewiesene meidet den Zurechtweisenden danach nicht, im Gegenteil, oft sieht man, wie zum Beispiel ein junger Schnösel nach der Zurechtweisung sofort wieder freundlichen Kontakt zu seinem „Erzieher“ sucht. Zuletzt kommt es drittens in nur sehr geringem Maße zu Verhaltensweisen, die eine Belastung durch die Zurechtweisung vermuten lassen – oft im Zusammenhang mit besonders hartnäckigen Jungspunden, die ihre Erzieher gerade austesten möchten und deshalb eine „Belehrung“ geradezu einfordern.

Doch gerade dieser Effekt einer milden Belastung nach solchen Aktionen ist auch bei anderen sozial lebenden Tierarten im Zusammenhang mit Innergruppenstreitigkeiten belegt.

Das bedeutet für unsere Mensch-Hund-Beziehung, dass dieser kurze Konflikt beim Lernen sozialer Kompetenz ein wesentlicher Faktor ist, den wir unseren Hunden nicht vorenthalten sollten. Denn gerade hier lernt der Hund zum einen den Umgang mit sozial stressigen Situationen und wie man diese aus eigener Initiative erfolgreich auflösen kann. Und zum anderen vermittelt Hunden dieses sichere Auftreten ihrer Erzieher Orientierung und daraus entsteht eine Umweltsicherheit, die den Hund gelassener werden lässt, zum Beispiel auch in stressigen Situationen wie dem Besuch eines Hauptbahnhofes oder Wochenmarktes.

Korrektur

Wer auf Belohnungen und Ablenkung statt „Strafe in der Erziehung“ setzt, sollte sich vor Augen halten, dass es per Definition keine straffreie Arbeit gibt. Sobald wir Futter-Belohnungen einsetzen, führt der Wegfall dieser Motivation zu Zuständen der Verunsicherung, die eventuell sogar stärker sein kann, als wenn wir ein klar kommuniziertes Abbruchsignal gesetzt hätten.

Udo Gansloßer ermuntert dazu, Hunden gegenüber ebenfalls deutlich Grenzen zu ziehen – zum Beispiel, indem wir aufdringlichen Jungspunden nicht erlauben, unseren Weg einzuschränken, sondern einfach weitergehen.

2. Was prägt die Persönlichkeit: Rasse, Umwelt oder Individualität?

Die Persönlichkeit eines Hundes wird durch die Sozialisation und die Erziehungsmethode stark beeinflusst.

Wie in der vorigen Frage bereits beantwortet, spielen die Sozialisation durch uns Menschen, also die Gewöhnung des Hundes an Umweltreize, seine Freiheit, Problemlösungen in sozialen Situationen selber finden zu dürfen und die Erziehungsmethode, eine wesentliche Rolle dabei, wie sicher oder verängstigt er sich durch seine Welt bewegt. Doch es gibt für Persönlichkeit auch eine Erblichkeit, sie liegt bei ungefähr 20–35 Prozent. Die Persönlichkeit wurde in den letzten Jahren auch von Kanidenexperten intensiv in den Forscherfokus genommen. Generell werden in der Psychologie und Verhaltensbiologie zwei grundsätzliche Persönlichkeitstypen unterschieden: der A- und der B-Typ. Welcher Kategorie sich unser Hund zuordnen lässt, offenbart sich, wenn man beobachtet, wie er sich in belastenden, potenziell gefährlichen Situationen verhält. Hier gibt es immer zwei Reaktionsmöglichkeiten, die es dem Forscher ermöglichen, eine Persönlichkeit entweder dem wagemutigen A- oder dem scheuen B-Typ zuzuordnen. Der A-Typ agiert immer aktiv, er geht entweder vor oder flieht. So begegnet er ungewohnten Situationen mit Neugierde, bei Gefahr entscheidet er sich für Rückzug. Der B-Typ dagegen wartet passiv ab, was geschieht, und zeigt in stressigen Momenten eher beobachtendes Verhalten und hält sich zurück. In der Gegenwart eines ranghohen Hundes benimmt sich ein B-Hund unterwürfig und versucht möglichst wenig aufzufallen, während der A-Typ bemüht ist, sich auch von ranghöheren Hunden oder Menschen möglichst wenig in seiner Bewegungsfreiheit einschränken zu lassen.

Doch wie schon eingangs erwähnt, sind weitere Persönlichkeitsmerkmale wie Trainierbarkeit, Geselligkeit, emotionale Stabilität und andere viel stärker von uns Menschen zu beeinflussen als die Grundpersönlichkeitsstruktur des Hundes.

Wichtig wäre mir an dieser Stelle noch zu erwähnen, dass die A-Hunde nicht unbedingt „dominant" sein müssen, wie häufig immer noch gerne behauptet wird. Dominanz ist ein Beziehungsmerkmal zwischen mindestens zwei Individuen, keine Eigenschaft. Sie wird in jeder neuen Situation mit sozialer Interaktion neu gefestigt. So kann auch der scheue B-Typ in manchen Beziehungen die dominante Position einnehmen und umgekehrt ein A-Typ sein Leben lang rangtief bleiben, auch wenn ihm das eventuell nicht so gut gefällt wie einem B-Typ.

3. Gibt es gefährliche Rassen?

Nein – aber natürlich gibt es für jede Rasse spezielle Verhaltenstendenzen, die bei der Rassewahl berücksichtigt werden sollten (siehe S. 29). In einer letztes Jahr vorgestellten Studie zeigte sich aber sogar bei Welpen, die von Pitbull und Co. in den USA bei echten Hundekampfkartellen beschlagnahmt wurden, im Verhaltenstest kein auffälliger Unterschied zu anderen Rassen. Wohl aber gibt es genetische Einflüsse, die zum Beispiel im Hirnstoffwechsel einzelner Zuchtlinien oder Familien zu Verhaltensauffälligkeiten führen. Diese können sich dann in erhöhter Aggressionsbereitschaft, Angst oder einer Aufmerksamkeits-Defizit-Störung (ADS) äußern. Diese Krankheitsbilder betreffen aber rasseunabhängig bestimmte Vererber, also einzelne Zuchtrüden oder -hündinnen, die ein Krankheitsbild in der Linie dann verstärkt streuen. Auch die ansonsten für ihre Freundlichkeit bekannten Rassen wie Labrador oder Golden Retriever sind hiervon nicht ausgenommen. Aber es haben auch Studien von zum Beispiel Dorit Feddersen-Petersen zeigen können, dass hauptsächlich die Sozialisierung dazu beiträgt, ob ein Hund gefährlich wird oder nicht.

Es gibt für jede Rasse bestimmte Verhaltenstendenzen, die jedoch durch Erziehung und Sozialisation beeinflusst werden.
Generell gilt: Ein Hund sollte uns nicht nur optisch ansprechen, sondern mit seinen Bedürfnissen auch zu unserer Lebenssituation passen.

Forschungsstudie | Was macht einen Hund zur Gefahr?

Für diese Forschungsarbeit haben Wissenschaftler unterschiedlicher Disziplinen vier Fälle kooperativ durchgeführter Kindstötungen durch Hunde analysiert. Verhaltensbiologisch arbeitete Dorit Feddersen-Petersen vom Zoologischen Institut der Christian Albrecht Universität zu Kiel, die auch Gutachterin für zwei der Tötungen vor Gericht war und somit über detaillierte Kenntnisse zum Vorbericht und zur Genese der Tötungen verfügte. Sarah Heinze vom Institut für Forensische Pathologie der Universität Heidelberg und Klaus Püschel vom Institut für Rechtsmedizin des UKE Hamburg beschäftigten sich mit der Pathologie der Fälle. Ziel dieser Studie ist es, Unfälle zukünftig zu verhindern, indem Faktoren aufgezeigt werden, die Hundehaltung gefährlich machen. Hierzu wurden zum Beispiel die Bissstellen am Kindeskörper verglichen und die in den Unfall verwickelten Personen, deren Hundehaltung und die Beutefangstrategie der Hunde analysiert. Diese für Dorit Feddersen-Petersen emotional stark belastende Arbeit an der Studie hat zu wichtigen Erkenntnissen geführt:

- Besonders gefährdet sind kleine Kinder, ihre Sterberate ist laut einer Studie aus Amerika besonders hoch: 71% von 35 untersuchten getöteten Kindern wurden in einem Durchschnittsalter von 5,4 Jahren getötet.
- Faktoren, die Gefährlichkeit begünstigen, waren: eine nicht tiergerechte Hundehaltung, unzureichende Sozialisierung und Erziehung und unverantwortlich praktizierte Mehrhundehaltung. Die Autoren der Studie betonen aber, dass diese Faktoren immer im Zusammenhang und niemals einzeln zu betrachten seien. So gibt es sehr verantwortliche Mehrhundehalter, die ihre Hunde fantastisch sozialisieren.
- Kinder werden zu Opfern, weil sie von nicht sozialisierten Hunden als Beute betrachtet werden. Dies ließ sich unter anderem an diesen Faktoren erkennen:
  1.) den bevorzugten Bissstellen der Hunde an Kopf und Hals,
  2.) dem rauschhaften Ablauf des Tötungsaktes mit ständigen und starken Bissen und Schütteln,
  3.) dem Auslöser „kindliches Verhalten“, mit den meist hektischen Bewegungen und schrillen, quiekenden Lautäußerungen, die angeborene Auslösemechanismen in Kombination mit ungünstigen Lernprozessen und evtl. dem Hinfallen des Kindes darstellen können,

4.) dem Fehlen von Anzeichen sozialer Interaktion und auch aggressiver Kommunikation seitens der Hunde, die für ein aggressiv motiviertes Verhalten sprechen würde.

Als Fazit halten die Forscher fest, dass Hunde gut erzogen und sozialisiert werden und lernen müssen, mit Kindern umzugehen.

Feddersen-Petersen, D.; S. Heinze & K. Püschel: Tödliche Attacken von Hunden auf Kinder: Zur Aktualgenese und Motivation bei spezifischer Kasuistik und bestimmten pathomorphologischen Veränderungen. Teil 1 und 2. Rechtsmedizin, in Vorbereitung.

Lauridson, J. & Myers, L. (1993): Evaluation of fatal dog bites: the view of the medical examiner and animal behaviourist. Journal of Forensic Sciences, 38: 726-731.

4. Wann schadet, wann hilft Kastration einem Hund aus verhaltensbiologischer Sicht?

Es schadet generell bei ängstlichen, unsicheren Rüden, bei sehr maskulinen Hündinnen und oft ganz unabhängig vom Geschlecht bei Ressourcenaggression. Das Problem sind die dann fehlenden Hormone: Bei Hunden mit Angstaggression hilft am besten ein Training. Nimmt man einem Hund, der aus Angst abwehrendes Verhalten zeigt, die Geschlechtsorgane, dann fehlt ihm der Hauptproduktionsort für die Hormone Testosteron und Östrogen. Das Testosteron ist zum Beispiel ein Gegenspieler des Stresshormons Cortisol, das nach einer Kastration dann ungehemmt im Körper ausgeschüttet wird und dadurch die Überforderung des Hundes mit der Situation sogar noch verstärken kann. In der Folge können diese Hunde dann sogar noch extremer mit Angstaggression reagieren. Maskuline Hündinnen erhalten durch die Eierstöcke das Hormon Östrogen, auch dies ein Gegenspieler des Testosterons. Wird ihnen dieses Geschlechtsorgan genommen, dann kann ihr angeberisches Auftreten auf der Hundewiese also sogar noch schlimmer werden. Und die Ressourcenaggression ist ein Verhalten, das am besten durch effektives Training und Abänderung von Alltagsabläufen in den Griff zu bekommen ist.

Aber im Einzelfall kann eine Kastration von Rüde oder Hündin auch helfen, und zwar bei wirklich sexuell übermotivierten Rüden. Das sind Kandidaten, die Nächte durchfiepen, tagsüber die Nahrungsaufnahme verweigern und im Park ausblenden, dass es außer Hündinnen noch andere Lebewesen auf diesem Planeten gibt. Das Rammeln von Kissen und Hosenbeinen ist eine Angewohnheit. Ein Hund, der so ein Verhalten zeigt, kann nicht per se als hypersexuell bezeichnet werden. Manche Hündinnen leiden extrem unter Zykluszuständen wie ständiger Scheinschwangerschaft oder zeigen zyklusbedingt aggressive Verhaltensweisen. Auch ihnen könnte eine Kastration helfen. Wichtig ist hier nochmals zu betonen, dass die Kastration, auch laut den gängigen juristischen Kommentaren zum Tierschutzgesetz, nicht zur Fortpflanzungskontrolle bei Familienhunden eingesetzt werden darf. Streunerhunde gibt es in Deutschland nicht, deshalb muss eine medizinische oder verhaltensbiologische Einzeldiagnose für eine Kastration vorliegen.

5. Wölfe haben ihr Territorium und ihr Rudel, für das sie mit ihrem Leben einstehen würden. Was sind wichtige Ressourcen für unsere Hunde?

Wenn man davon ausgeht, dass der Hund den Menschen als Pseudoartgenossen in sein Weltbild und Beziehungsnetz einbaut, dann unterscheiden sich Wolf und Hund gar nicht so sehr. Der Mensch ist für einen Hund ein wichtiger, wenn nicht der wichtigste Sozialbeziehungspartner. Deshalb sind die sozialen Mechanismen, die hier greifen und gezeigt werden, oft sehr ähnlich. So schlüpfen Rüden, wie Studien aus Wien gezeigt haben, ja tatsächlich in die Rolle des Rüden und zeigen sich, wenn sie eine Besitzerin haben, klassisch distanziert gegenüber Fremden. Sind sie im Besitz eines Mannes, dann entspannen sie sich und sind meist sehr viel alberner – ähnlich wie ein Schnösel in Begleitung seines Wolfsvaters (siehe S. 91). Auch das eigene Haus wird wie ein Höhlenkomplex der Wölfe als Eigentum angezeigt und gegenüber Eindringlingen verteidigt – je nach Erziehung und Persönlichkeit oder Rasse mehr oder weniger massiv.

Bei Futter herrschen fast die gleichen Regeln wie im Wolfsrudel: Es gibt keine Futterrangordnung, wer sich ein wertvolles Stück Fleisch sichern kann, der wird dieses auch gegenüber einem ranghöheren Hund oder bei schlecht sozialisierten Hunden auch gegenüber Menschen verteidigen. Hunde müssen deshalb lernen, dass Menschen sich in der Nähe des Futters aufhalten dürfen – knurrt ein Hund seinen Menschen am Napf oder Knochen an, ist das deshalb Zeichen einer schlechten Sozialisierung.

Bei Hund wie Wolf gilt nicht nur fürs Futter, sondern auch für andere „wertvolle“ Gegenstände das „Besitzrecht“, so wird ein Hund sein liebstes Spielzeug erbittert verteidigen, wenn ein Artgenosse es wagt, dem guten Stück zu nahe zu kommen. Entfernt er sich dagegen unbedacht und vergisst sein Spielzeug vielleicht sogar für einen Moment weil er abgelenkt wird, dann wird der gleiche Hund wahrscheinlich nur unglücklich gucken, wenn ein Kollege die Situation ausnutzt und den Ball frech klaut. In diesem Moment verschiebt sich das Besitzrecht zum anderen Hund und der eigentliche Eigentümer muss hoffen, dass ein Mensch hilft oder der andere Hund das Interesse verliert.

Kaum ein erwachsener Hund wird diesem Welpen seinen Knochen streitig machen – unter Hunden wie Wölfen gilt für wichtige Ressourcen wie wertvolle Futterstücke das „Besitzrecht“. Nur wenn besonders großer Hunger herrscht, geht der Streit ums Futter los.

6. Erkennen sich Eltern und Geschwister nach Jahren der Trennung eigentlich noch wieder?

Vom Markierverhalten der Wölfe wissen wir, dass jede Familie eine eigene Bakterienkultur im Enddarm pflegt, die bei der Abgabe von Kot durch die Analdrüsen freigegeben wird und die Markierung so mit dem einzigartigen „Familien-Siegel“ imprägniert. Für Hunde wird diese Form der Mitteilung im Zuge der Domestikation ihre Funktion verloren haben, da Hunde in Menschenfamilien leben und auch die meisten dazu übergegangen sind, hauptsächlich nur noch mit Urin zu markieren. Fürs große Geschäft suchen viele Hunde sogar ein abgelegenes oder gar verstecktes Plätzchen aus, nur wenige nutzen noch auffällige Orte wie Weggabelungen oder erhöhte Steine, um dort mit Kot zu markieren, so wie es Wölfe gerne tun. Trotzdem werde ich häufig gefragt, inwieweit es eine Familienerkennung unter Hunden noch gibt. Hierzu hat der Biologe Peter Hepper an der Universität Belfast Mitte der Neunzigerjahre seine Dissertation verfasst, in der er die Zeichen des Wiedererkennungsverhaltens von Hunden über drei Jahre nach der Trennung von Mutter und Geschwistern dokumentierte. Dabei kam heraus, dass die Erkennung der Mutter bereits erfolgte, wenn der Welpe wenigstens 2–3 Tage nach der Geburt mit ihr zusammen war, bei Geschwistern mussten diese mindestens die ersten 5 Wochen ihres Lebens zusammen verbracht haben.

Wurfgeschwister erkennen sich nicht wieder, wenn sie mit acht Wochen getrennt werden. Mutterhündinnen erinnern sich aber mindestens zwei Jahre lang an den Geruch ihrer Kinder.

Forschungsstudie | Hunde erkennen ihre Mutter, aber nicht unbedingt ihre Geschwister wieder

In dieser Studie untersucht Peter Hepper im Rahmen seiner Dissertation die Fähigkeit von Hunden, Familienmitglieder wiederzuerkennen. Dazu wurde geschaut, ob Hunde ihre Nachkommen, ihre Eltern und Geschwister am Geruch identifizieren könnten. Da für die Identifikation geruchliche Hinweise nötig sind, wurde eine Serie von geruchlichen Wahltests durchgeführt, bei denen die untersuchten Hunde immer zwei Möglichkeiten zu reagieren hatten: Ihnen wurde der Geruch eines fremden Hundes und eines Verwandten präsentiert. An der Reaktion der Hunde konnten die Forscher sehen, ob der Hund den vertrauten Familiengeruch wiedererkennen konnte oder nicht.

Die Ergebnisse: Nach vier bis sechs Wochen konnten die Welpen ihre Mutter deutlich von anderen Hunden unterscheiden. Die Mutter hatte sich den Geruch ihrer Welpen bereits zwei bis drei Tage nach der Geburt deutlich eingeprägt und reagierte unterschiedlich als auf den Geruch fremder Welpen.

Besonders im Alter von fünf Wochen zeigten die Welpen auch die stärkste Anhänglichkeit an ihre Mutter. Wurden die Welpen im Alter von acht bis zwölf Wochen vom Muttertier getrennt, dann waren die Mütter nach zwei Jahren noch in der Lage, ihren erwachsenen Nachwuchs anhand von Geruchsproben wiederzuerkennen und auch die Hundekinder erkannten ihre Mutter wieder. Geschwister konnten sich gegenseitig nur wiedererkennen, wenn sie mit mindestens einem Geschwisterhund zusammengelebt hatten. Hunde, die nach der Trennung von Mutter und Geschwistern alleine lebten, zeigten keine Anzeichen einer Wiedererkennung bei der Konfrontation mit dem Duft einer Schwester oder eines Bruders. Dies zeigt, dass Hündinnen und ihre Nachkommen sich mindestens im Untersuchungszeitraum von zwei Jahren noch wiedererkennen konnten. Dabei vermutet Hepper, dass die Geschwister- und Elternerkennung nach unterschiedlichen Mechanismen funktioniert.

Hepper, Peter G.: Long-term retention of kinship recognition established during infancy in the domestic dog Behavioural Processes, Volume 33, Issues 1–2, December 1994, Pages 3–14.

Markierverhalten dient der innerartlichen Langzeitkommunikation, kann aber auch Signalcharakter haben, zum Beispiel, wenn auffällig gescharrt oder als Gruppe gemeinsam markiert wird.

7. Möchten Hunde mit dem Markieren auch mit uns kommunizieren, oder sind diese Nachrichten nur an Artgenossen gerichtet?

Hunde lernen im Laufe des Zusammenlebens mit Menschen, dass wir kein Interesse an ihren Markierungen oder den Markierungen anderer Hunde zeigen – denn wir schnüffeln ja nie daran. Kein Wunder, denn was Hunde aus den Urinbotschaften lesen können, bleibt uns für immer verschlossen, denn unsere Nasenschleimhaut ist nur mit mageren 10 bis 30 Millionen Riechzellen bestückt, Hunden eröffnet sich mit über etwa 250 Millionen Riechzellen dagegen eine ganz andere Geruchswelt. Deshalb dient das Markierverhalten hauptsächlich als Langzeitkommunikation, die Artgenossen viel über den Absender verraten soll. Über den Urin können sich Hunde nämlich nicht nur deutliche Auskunft über den eigenen Aufenthaltsort geben, sondern auch über ihr Geschlecht, den aktuellen Fruchtbarkeitsstatus, Gemütszustand, Alter und Stress (siehe auch Alexandra Horowitz, S. 57) informieren.Aber Markierverhalten kann neben der chemischen Botschaft noch eine visuelle Botschaft beinhalten, zum Beispiel wenn auffällig vor anderen Hunden markiert, wild gescharrt oder eine „Nachricht" auf eine vorher freigekratzte Stelle platziert wird. Manche Hundehalter sind verunsichert, wenn der eigene Hund noch einmal schnell markiert, nachdem man ihn gerufen hat, und fürchten, dass dies Dominanzverhalten sein könnte. Die Biologin Valeska Stöhr hat 2007 im Rahmen ihrer Diplomarbeit das Markierverhalten verwilderte Haushunde in der Toskana erforscht („Pizza-Hunde", siehe Günther Bloch, S. 26). Dabei konnte sie grob neben dem „Visitenkartenverteilen" vier weitere Markierfunktionen ausmachen:

1.) Wenn viele Hunde gemeinsam markieren, dann soll dies das „Wir-Gefühl" bestärken. Auch Wölfe halten ähnliche „Markierzeremonien" an ihren Höhlenkomplexen. In diese Kategorie fällt vermutlich auch die Freude vieler Hunde am Wälzen in stinkenden Substanzen: Wölfe und verwilderte Hunde tun dies vermutlich, um sich mit einem einheitlichen Geruch auszustatten, der das Gemeinschaftsgefühl belebt, und wälzen sich deshalb gerne alle zusammen an der gleichen Stelle.

2.) Anders sieht die Sache aus, wenn zwei Hunde aufeinandertreffen, deren Rangbeziehung nicht eindeutig geklärt ist. In dieser Situation wird Markieren tatsächlich oft genutzt, um den eigenen Status zu demonstrieren. So wird in diesen Situationen zum Beispiel zusätzlich zum klassischen Imponierverhalten wie einem steifen Gang oder hochgestellten Nackenhaaren noch eine Duftmarke abgesetzt. Lässt sich einer der Kontrahenten davon beeindrucken, wird nicht übermarkiert – der unterlegene Hund zeigt dann vielleicht ersatzweise nur noch ein verlegenes Scharren.

Auch wenn sich Hunde gegenseitig zum Beispiel einen Knochen klauen, wird aus Statusgründen gerne „noch einer oben draufgesetzt" und mit der Beute im Maul frech am nächsten Baum markiert. Eine weitere Dominanzgeste aus der Welt der chemischen Kommunikation kann die Geruchskontrolle sein. Generell lassen sich ranghohe, selbstbewusste Tiere ungern beriechen, fordern aber von rangtieferen Exemplaren ein, dass sie ihre „Visitenkarte" kontrollieren dürfen. Auch Hundeeltern unterziehen ihren Nachwuchs regelmäßig einer intensiven Geruchskontrolle – während die Kleinen stillhalten müssen. Wahrscheinlich wird sich dadurch der individuelle Geruch und Fortpflanzungsstatus eingeprägt.

3.) Markieren kann in manchen Fällen auch dazu dienen, sich in aufregenden Situationen selber zu beruhigen. Das könnte der Grund sein, warum unsichere Hunde häufiger markieren als selbstbewusste Exemplare. In diese Kategorie fällt auch die „Allomarkierung“, also das Beinheben am Hosenbein eines Menschen oder am eigenen Spielzeug, allerdings könnten hiermit auch Eigentumsverhältnisse klargestellt werden. Wahrscheinlich sorgt der eigene Geruch für Vertrautheit und das gibt Sicherheit – eventuell ein Grund, warum Hunde auch gerne am eigenen Urin riechen. Die beiden Geschlechter messen dem Markieren allerdings unterschiedlich viel Bedeutung bei: Rüden markieren häufiger, Hündinnen beschränken die Duftmarkenverteilung meist auf das Nötigste. Nur während der Läufigkeit kann sich das kurzfristig ändern, dann dient das Markieren ...

4.) ... als Lockmittel, um etwaige Verehrer auf die eigene Spur zu bringen und deutlich zu zeigen, wo die Hündin lebt. Dem Menschen gegenüber wird Markierverhalten eher selten als Dominanzgeste eingesetzt. Viel wahrscheinlicher ist, dass ein Hund nicht weiß, wann er das nächste Mal in dem Gebiet sein wird. Deshalb hebt er, kurz bevor er gleich angeleint und weggeführt wird, noch einmal schnell sein Bein und hinterlässt seine Duftmarke. Für die Interpretation von Markierverhalten ist es also immer wichtig, den situativen Kontext im Blick zu behalten.

8. Was träumen Hunde?

Ganz genau wissen wir das nicht, aber durch die Schlafforschung am Menschen kennen wir bestimmte Hirnstromkurven und andere physiologische Werte verschiedener Schlafphasen, die in Einzelfällen auch bei Hunden und Katzen nachgewiesen wurden. So unterscheidet man derzeit beim Menschen meistens fünf Schlafphasen, vier davon gehören zum sogenannten Non-REM-, eine zum REM-Schlafstadium, in dem am intensivsten geträumt wird. Schlaf hat für Menschen und Tiere wichtige Funktionen: Zum einem können während der Nachtruhe Lernprozesse fixiert werden. So werden in der Tiefschlafphase die im Laufe des Tages gemachten Erfahrungen und Gedächtnisinhalte sortiert, um dann im Langzeitgedächtnis abgelegt zu werden. Dann findet eine Art „Überspielung“ von Informationen in Form von Bewe-

Besonders Welpen brauchen noch viel Schlaf: Ihr Gehirn hat viele Reize und eine große Menge Lernstoff zu verarbeiten. Dafür braucht es Zeit und Ruhe, damit der kleine Organismus nicht überlastet wird.

gungsabläufen, aber auch Fakten und Ereignissen ins Großhirn statt. Dazu ist das Gehirn im Laufe des Tages nicht in der Lage, da es im Wachzustand ständig unter „Beschuss“ der neu einströmenden elektrischen Informationen über die Synapsen steht. Die zweite wichtige Funktion des Schlafes scheint in einer Regenerierung und Verstärkung des Immunsystems und des Gewebes zu liegen. Menschen oder Tiere, die über eine längere Zeit unter Schlafentzug leiden, zeigten eine eindeutige Verschlechterung des Antikörpergehalts im Blut und Beeinträchtigung von Gewebestraffheit. Über den Schlafrhythmus beim Hund wurden in den letzten Jahren wiederholt Studien durchgeführt, die spannende Erkenntnisse zu Tage gebracht haben: So hat eine australische Arbeitsgruppe Hunde in drei verschiedenen Haltungssystemen untersucht. Eine Gruppe wurde in „eingegrenzter Lebensweise“ untersucht, hier lebten und schliefen die Hunde mit Menschen in einem eingezäunten Gelände, dann die „uneingegrenzte Lebensweise“, in der die Hunde zwar bei Menschen wohnten, aber jederzeit frei herumstreunen konnten. Die letzte Gruppe lebte im Versuchstierstall der Universität. Alle Hunde wurden während des Schlafens gefilmt, dabei wurden die Verhaltensweisen in den Schlaf- und Wachphasen dokumentiert.

Ergebnis: Hunde haben im Durchschnitt 23 Schlaf-Wachzyklen während einer achtstündigen Nachtphase. Jeder Schlaf-Wachzyklus hat eine Länge von etwa 16 Minuten Schlaf- und 5 Minuten Wachzeit.

Bemerkenswert sind nun einige weitere Abhängigkeiten in Bezug auf die Schlafdauer und Schlaftiefe beim Hund. Wie bereits erwähnt, ist die Dauer der einzelnen Schlaf-Wachzyklen vom Hund wesentlich kürzer als beim Menschen. Jedoch ist die Dauer des Nachtschlafes von etwa acht bis zehneinhalb Stunden pro 24 Stunden Tag bei Hunden – übrigens ähnlich bei Wölfen – relativ hoch. Eine Zusammenstellung der Schlafdauer verschiedener Tierarten zeigt, dass Tiere, die sich an der Spitze der Nahrungspyramide und der zwischenartlichen Rangordnung befinden, eindeutig am längsten schlafen. Tiger und Löwen beispielsweise sind mit dreizehneinhalb bis sechzehn Stunden hier weit in Führung. Auch hier ist bemerkenswert, dass Wölfe oder Hunde sich eher im Mittelfeld bewegen, ähnlich wie der Gepard mit zwölf Stunden, der ja ebenfalls noch mehrere stärkere Feinde über sich hat. Interessant ist aber auch die Länge der REM-Schlafphasen, in denen die Träume stattfinden. Hier scheint es eine Abhängigkeit zu geben nicht nur von der Hirngröße, sondern insbesondere von der Hirnentwicklung. Arten wie Hunde, Menschen, Schweine und Katzen, die eher unreife und noch wenig entwickelte Jungtiere zur Welt bringen, haben offensichtlich nicht nur in ihrer Jungtierzeit, sondern auch als Erwach-

Hunde haben wie Menschen Schlaf-Wachzyklen, sie treten aber viel häufiger auf und sind dadurch kürzer. Dafür schlafen sie auf den Tag bezogen viel länger als wir.

Nesthockerarten wie Hunde, Menschen und Schweine brauchen für eine gute Hirnentwicklung besonders in der Jugendzeit lange REM-Tiefschlafphasen.

sene ein stärkeres Bedürfnis nach Schlaf und REM-Schlaf. Tierarten wie zum Beispiel Huftiere wie Kühe oder Pferde, die bereits bei der Geburt ein weitgehend entwickeltes und leistungsfähiges Gehirn haben, unterscheiden sich in der Länge des REM-Schlafs relativ wenig, auch wenn man Jungtier- und Erwachsenenstadium vergleicht. Bei den zuerst genannten Nesthockern dagegen ist der REM-Schlaf bei den Jungtieren bzw. Neugeborenen noch gut doppelt so lang wie bei den Erwachsenen. Offensichtlich wird also bei ihnen die Hirnentwicklung auch während des REM-Schlafs gesteuert, was zeigt, wie wichtig ausreichend Schlaf gerade für Welpen für ihre optimale Entwicklung ist.

Bei Trauminhalten können wir, denke ich, davon ausgehen, dass das Erleben bei Hunden ähnlich abläuft wie bei uns. Wie bereits oben erwähnt, sind Indizien für das Träumen bei Hunden überwiegend im sogenannten aktiven Schlaf zu sehen, bei dem größere Pfotenbewegungen oder Bewegungen anderer Körperteile ebenso wie Bellen, Quieken oder Knurren auftreten.

Hunde und Katzen träumen also wahrscheinlich ähnlich wie wir. Auch wenn ihre Schlafzyklen schneller ablaufen, werden sie wohl viele Ereignisse und Erinnerungen genauso intensiv und genauso „wahrheitsgetreu“ nacherleben wie wir auch. Wenn wir also unseren Hund beobachten, wie er im Tiefschlaf mit zuckenden Pfoten fiept oder bellt, dann können wir tatsächlich erahnen, welche Erlebnisse des Tages er oder sie gerade tief schlafend verarbeitet.

Dorit Feddersen-Petersen: Was sagt mein Hund?

Die Wissenschaftlerin im Porträt

Hundebellen ist nicht sinnlos, sondern steckt voller Informationen.

Kennen Sie den Loriot-Sketch mit dem „sprechenden“ Bernhardiner? Er zeigt schön deutlich, was viele Menschen vom Hund erwarten: Wir möchten uns entspannt zurücklehnen und dabei zuhören, wie er in Worten zu uns über sein Selbst- und Weltbild redet. Aber das können Hunde nicht und wahrscheinlich ist das auch ganz gut so, wie schon Ádám Miklósi bemerkt hat (siehe S. 98). Doch auch ohne menschliche Sprache können sich Hunde uns gegenüber sehr treffsicher ausdrücken – wir müssten uns nur mehr Zeit nehmen und die Mühe machen, genau hinzusehen und hinzuhören. Wie die anderen Kapitel gezeigt haben, sind Hunde uns hier haushoch überlegen: Sie verstehen uns sehr gut, kennen uns oft besser als viele unserer menschlichen engen Vertrauten und wissen meist vor uns selbst, wenn wir krank werden oder uns schlechte Laune plagt. Wir sind also diejenigen, die Nachhilfe bräuchten im Lesen ihrer Ausdrucksweisen! Eine geeignete Lehrerin für das Verstehen von Hunden ist Dorit Feddersen-Petersen: 37 Jahre lang hat sie das Kommunikationsverhalten verschiedener Kanidenarten wie Wölfe, Kojoten und Goldschakale sowie Hunde, Dingos und Mischungen aus diesen Spezies studiert. Ihre Arbeiten genießen großes internationales Ansehen und haben besonders eines gezeigt: Hundebellen ist nicht „sinnlos“, wie vielfach behauptet, sondern steckt voller Informationen für jeden, der gelernt hat genau zu beobachten. Auch ihre Studien zum Konfliktverhalten in Gruppen verschiedener Spezies und Rassen gelten als richtungsweisend und werden vielfach in aktuellen internationalen Untersuchungen zitiert. Gelernt hat sie ihr Handwerk bei historischen Forschergrößen wie Konrad Lorenz und Wolf Herre, der auch ihre Promotion über Ausdrucksverhalten und soziale Organisation an Zwergpudeln, Goldschakalen und deren Gefangenschaftsbastarden am Zoologischen Institut der Christian-Albrecht-Universität zu Kiel betreute. Fortan blieb sie dem dortigen Institut für Haustierkunde treu, begründete und leitete hier unter anderem die Arbeitsgruppe „Vergleichende Verhaltensforschung“. Nachdem der 2003 viel zu früh verstorbene Erik Zimen 1971 nach seiner vielbeachteten Doktorarbeit die Universität Kiel verließ, baute sie ab 1975 zunächst den alten Tiergarten weiter aus und war in den frühen 80er Jahren entscheidend an der Gestaltung des neuen Tiergartens am Biozentrum

Die Forscherin im Tiergarten der Universität. Ihre Arbeiten waren international richtungsweisend für die Erforschung der Domestikation und Mensch-Hund-Beziehung.

beteiligt, wo sie ein weltweit einzigartiges und richtungsweisendes Kaniden-Forschungszentrum ins Leben rief. Neben ihrer eigenen Grundlagenforschung an Wildkaniden und Haushunden, die unter vergleichbaren Haltungsbedingungen beobachtet werden, betreute sie dutzende Doktoranden bei ihren Dissertationen rund um das Thema Kanidenverhalten.

Wichtig war und ist ihr bei der Arbeit zu objektivieren, was Hunde ausmacht, wie ihr Sozialleben und ihre Anpassungsfähigkeit sich von Wölfen unterscheiden und inwieweit sich Hunderassen in ihrer Entwicklung, Kommunikation und ihren Beziehungen untereinander und dem Menschen gegenüber unterscheiden. Und sie hat sich immer eingemischt, denn die Bedeutung ihrer Erkenntnisse liegt in ihrer

Nicht nur unter Kaniden, auch in den Lehrräumen der Kieler Universität hat Dorit Feddersen-Petersen viel Zeit ihres Lebens verbracht.

Anwendung im Alltag: Sie hofft, dass dieses durch akribische Studien gewonnene Wissen über das Wesen der Hunde dabei helfen kann, tierquälerische Zucht und schlechte Haltungsweisen zukünftig zu verhindern. Denn ein unsachgemäßer Umgang mit Hunden birgt Gefahren, wie wir leider immer wieder durch schrecklich aufgemachte Schlagzeilen in den Medien feststellen müssen. Deshalb weicht die Forscherin auch diesem schwierigen, polarisierenden Thema nicht aus und beschäftigt sich seit den 90er Jahren mit tödlichen Attacken von Hunden auf Menschen. In sieben Todesfällen war sie Gutachterin vor Gericht, analysierte, wie es zu den grausigen Vorfällen kommen konnte. Nach dem Beißvorfall an einem Jungen in Hamburg sprach sie im August 2000 in einer Anhörung vor dem Deutschen Bundestag über mögliche Gefahren, die von Hunden ausgehen können. Daraus folgten Beratungen von Politikern, um über sinnvolle Regelungen wie Sachkundenachweise und die Führung eines Unfallregisters zu sprechen. Doch auch nach 14 Jahren gibt es immer noch keine Gesetze, die derartige Übergriffe durch Hunde langfristig wirklich verhindern könnten.

Menschen das Wesen der Hunde näherzubringen, ist Dorit ein Herzensanliegen, deshalb ist sie bis heute viel unterwegs und hält Vorträge für Hundehalter.

Ihr Engagement wurde sogar für sie selber lebensgefährlich: 2005 erhielt sie während eines Prozesses in Frankfurt Morddrohungen von Menschen, die Hundekämpfe ausrichten oder Hunde für die Pit (Arena für Hundekämpfe) „züchten". Wahrscheinlich fühlten sich diese Personen auch befeuert durch eine falsche und verzerrte Darstellung ihrer Aussagen und Empfehlungen in einigen deutschen Medien. Doch Dorit hat sich nicht von ihrem Weg abbringen lassen und im Sommer 2013 eine aktuelle Studie zur Gefährlichkeit von Hunden veröffentlicht, in Zusammenarbeit mit Sarah Heinze vom Institut für Forensische Pathologie in der Charité Berlin und Klaus Püschel vom Institut für Rechtsmedizin des Universitätsklinikums Eppendorf in Hamburg. Hier analysieren die drei Forscher jeweils aus ihrer Fachsicht, wie es zu Unfällen mit Hunden kommen konnte (siehe S. 148). Der Tiergarten in Kiel wurde letztes Jahr geschlossen, für die Trägerin des Felix-Wankel-Tierschutz-Forschungspreises der Universität München ist ihre Arbeit in der Hansestadt bald beendet. Doch zur Ruhe kommen wird sie im Ruhestand wohl lange nicht. Zu viel brennt ihr noch auf der Seele: Sie möchte weiterhin Doktoranden begleiten, mehr Muße zum Zeichnen und Schreiben finden und last but not least nach all den Jahren der Arbeit endlich wieder Zeit für einen eigenen Hund finden.

Fragen an Dorit Feddersen-Petersen

1. Wenn Hunde bellen – möchten sie damit nur Aufmerksamkeit erregen oder uns vielleicht etwas Bestimmtes mitteilen?

Wenn Wölfe bellen, dann ist das immer sehr streng situationsbezogen ein Warn- oder Angriffslaut. Hunde haben diesen Warnlaut im Zuge der Domestikation übersteigert und ein regelrechtes „Bellrepertoire" entwickelt. Erklärt werden könnte dieser Wandel in der Kommunikation zum einen mit den körperlichen Veränderungen von Hunden durch menschliche Zucht. Wölfen gegenüber haben Hunde nämlich viel reduziertere Möglichkeiten in ihrer mimischen und körperlichen Ausdrucksweise. Damit Hunde trotzdem untereinander und mit uns Menschen gut kommunizieren können, wurde dieser Verlust wahrscheinlich durch das Bellen kompensiert. Im Laufe des Prozesses der Domestikation haben wir Menschen dieses Bellen dann zusätzlich durch gezielte Selektion immer feiner verändert. Heute können Jäger dadurch zum Beispiel auf der Jagd am Bellen ihres Hundes erkennen, was genau der Hund gerade im Unterholz oder Feld erlebt.

Durch diese Faktoren könnte das Bellen zu einer neuen, sehr wichtigen Kommunikationsform für Haushunde und uns Menschen geworden sein.

Der „Loneliness-Cry" dient bei Wölfen dazu, den eigenen Standort zu zeigen oder verloren gegangene Jungtiere wiederzufinden. Auch manche Hunde stimmen gerne ins Geheul ein – zum Beispiel beim Sirenentest am Wochenende.

Viele Jahre wurde Bellen allerdings von der Wissenschaft eher belächelt; auch von angesehenen Forschern wie Raymond Coppinger, der diese Form der Lautäußerung von Haushunden als „sinnloses Gekläffe" bezeichnete. Um diese Aussage wissenschaftlich zu überprüfen, war es wichtig, die Laut-Kommunikation der Haushunde zu entschlüsseln und vergleichbare Daten zu gewinnen. Wir sind in Kiel deshalb „dreigleisig" gefahren: Zum einen haben wir die sozialen Situationen in den Tiergehegen mit der Kamera gefilmt und parallel die Laute aufgezeichnet. Damit hatten wir den sozialen Kontext dokumentiert, also den Fluss der Kommunikation: das „Davor" und „Danach" für jede Lautanalyse mit Bild und Ton festgehalten. Diese Lautäußerungen wurden dann anschließend mit Hilfe eines Sonogramms in Klangbilder umgewandelt. So konnten wir sehen und belegen, dass situationsbezogen immer sehr ähnliche Lautbilder entstanden, Hunde also zum Beispiel beim Spielen immer eine spezifische Form des Bellens zeigen. Irgendwann waren wir so gut, dass wir anhand der Klangbilder die sozialen Situationen vorhersagen konnten, in denen die Laute entstanden waren! Den dritten Schritt der Analyse stellte der Test auf Verlässlichkeit der menschlichen Interpretation dar: Studenten sollten die verschiedenen Beller nach ihrer Intuition verschiedenen sozialen Situationen zuordnen – und sie lagen mit ihren Meinungen zumeist nicht schlecht.

Weil Hunde in ihren Ausdrucksmöglichkeiten reduzierter sind als Wölfe, hat die Bedeutung des Bellens in der Kommunikation mit uns und Artgenossen zugenommen.

Zum Ende der Studie konnten wir auf diese Weise insgesamt zwölf Untergruppen der Lautgruppe „Bellen" bilden. In diesen Kategorien gab es zum Beispiel Laute für Situationen, in denen Hunde sich fürsorglich verhalten, in denen sie sich zum Spielen auffordern, es gab typische Laute für Begrüßungszeremonien oder wenn Hunde von ihrer Gruppe isoliert worden waren. Interessant war, dass Hunde am häufigsten beim Spielen bellen, nämlich in insgesamt 56 Prozent der Fälle!

Durch meine Analysen bin ich mir heute sicher, dass Hunde uns und Artgenossen über ihre Laute sehr vieles fein abgestimmt und gezielt mitteilen möchten. Wie es ihnen geht, was sie in diesem Moment gerne tun oder haben möchten oder ob vielleicht Gefahr droht – Bellen zeigt eine große Vielfalt in Struktur und Anpassungsfähigkeit an verschiedene soziale Situationen.

Übrigens können nicht nur unsere Studenten, sondern auch Erwachsene und sogar Kinder diese verschiedenen Informationen oft gut entschlüsseln: In Budapest wurde zuerst an Erwachsenen und vor kurzem von Jozef Pongraz auch an Kindern untersucht, ob sie das Bellen intuitiv verschiedenen Stimmungen des Hundes richtig zuordnen können. Unabhängig davon, ob die getesteten Menschen Hundeerfahrung hatten oder nicht, kam dabei heraus, dass nicht nur Erwachsene, sondern schon Kinder am Bellen erkennen können, ob ein Hund angriffslustig ist oder uns zum Spielen auffordern möchte. Ein Grundverständnis für Hundegebell könnten wir Menschen im Zuge der Domestikation also auch erworben haben, was ja Sinn macht, denn dadurch wird die Zusammenarbeit erheblich erleichtert.

Manche Rassen haben durch kurze Nasen oder viele Falten im Gesicht nicht nur gesundheitliche Probleme, sondern auch Schwierigkeiten, sich Artgenossen gegenüber richtig auszudrücken.

2. Einige Rassen haben einen starren Gesichtsausdruck durch stark verkürzte Schnauzen, hängende Hautlappen oder viel Fell im Gesicht. Ist die Kommunikationsvielfalt dieser Hunde dadurch eingeschränkt?

Extremzuchten übertreiben Rassemerkmale wie tiefe Falten oder eine hohe Stirn mit hervorstehenden Augen bis ins Bizarre. Am Ende können Hunde nicht mehr auf natürlichem Wege geboren werden, müssen, um atmen zu können, intensive tierärztliche Operationen überstehen oder leiden unter permanenten Augen- und Hautentzündungen. Diese Qualzuchten lassen sich mit keinem Argument rechtfertigen, trotzdem werden einige dieser Extremtiere immer noch auf Ausstellungen sehr positiv bewertet! Eigentlich sollte es für Züchter selbstverständlich sein, Hunden ein qualvolles Leben zu ersparen, aber hier geht es nicht mehr um das Tier, sondern um persönliche Eitelkeit. Dass diese Tiere auch in ihrem Vermögen, sich sozial auszutauschen, beschränkt sind, erscheint Vielen offensichtlich. Es ist aber nicht so leicht nachzuweisen wie ein verengter Rachenraum durch geschwollene Nasenflügel. Genetische Fehler im Verhalten können viel schwerer enttarnt werden, weil das Verhalten eines Individuums immer durch ein kompliziertes Wechselspiel genetischer Veranlagung und etlicher Umwelteinflüsse entsteht. Es gibt immer wieder Züchter, die zum Beispiel Schutzhunde auf schnelle Erregbarkeit selektieren und dadurch eine ganze Rasse in Verruf bringen können. Dieser Effekt verstärkt sich, wenn diese Tiere von nicht sachkundigen Haltern erworben und schlecht sozialisiert und erzogen werden.

Qualzuchten lassen sich mit keinem Argument rechtfertigen!

Doch auch körperliche Merkmale wie tief hängende Unterlider oder riesige Lefzen können es den Hunden erschweren, die richtigen Signale für die Kommunikation mit Artgenossen zu senden. Deshalb kann manch ein „normal aussehender“ Hund Probleme haben, die Spielgestimmtheit eines Hundes mit extremen Rassemerkmalen zu erkennen. So stecken zum Beispiel das sehr fein abgestimmte Nasenrückenrunzeln, die unterschiedlichen Ohrenstellungen, Augen-, Lippen- und Mundwinkelbewegungen voller Informationsgehalt über die Gestimmtheiten und Absichten von Hunden. Eine durch Falten oder Wollhaare verdeckte mimische Bewegung im Gesicht hat einen geringen, aber wichtigen Signalwert, der häufig durch das Gewirr der Falten und Haare gar nicht erkannt oder wahrgenommen werden kann, er geht sozusagen unter! Besonders wenn die Hunde sich fremd sind, kann es hier zu Missverständnissen kommen. Trotzdem glaube ich an die große soziale Kompetenz unserer Hunde, die sich doch gerade darin zeigt, wie flexibel sie auf diese morphologische Variabilität reagieren können. Wenn Hunde besonders während ihrer Jugendentwicklung viele Erfahrungen mit diversen Rassevertretern machen durften, lernen sie sich zu verstehen und es können sich enge Freundschaftsbande zwischen Zwergpinschern und Doggen, Mops und Husky entwickeln.

Dingos wurden im Tiergarten der Universität intensiv erforscht, ebenso wie Wölfe, Hunde und Mischungen aus diesen Spezies.

Forschungsstudie | Kinder können aus Hundegesichtern lesen
In der Kieler Arbeitsgruppe Vergleichende Verhaltensforschung wurde untersucht, wie gut Menschen Gesichtsausdrücke von Hunden interpretieren können. Die visuelle Anpassung des Menschen an den Hund beginnt schon früh, denn vier- und sechsjährige Kita-Kinder waren in der Lage, Zeichnungen von Hundegesichtern den richtigen Emotionen zuzuordnen. Ihnen wurden Bilder von Hunden mit einem „fröhlichen" und einem „aggressiven" Hund gezeigt. Dabei waren Kinder mit Hundeerfahrung etwas besser in ihrer Interpretation als die ohne eigenen Hund im Haus. Dennoch lassen die Ergebnisse vermuten, dass es eine intuitive kindliche Fähigkeit gibt, Hundeverhalten richtig deuten zu können. Ein weiteres Ergebnis der Studie war, dass Kinder, die Menschengefühle auf Fotos gut einschätzen konnten, auch bei der Deutung des Hundeverhaltens besonders treffsicher waren. Es gibt also einen positiven Zusammenhang zwischen der Fähigkeit der Kinder, das Ausdrucksverhalten von Hunden zu interpretieren, und der Emotionserkennung beim Menschen.

Bethke, Thyra (2010): Eine Untersuchung zur intuitiven Interpretation des Ausdrucksverhaltens von Hunden. Diplomarbeit an der Christian-Albrechts-Universität zu Kiel, Institute of Psychology.

Letztlich ist es der Gesamtausdruck, der vom Hund decodiert wird, also die Körperhaltung und -spannung, der Bewegungsfluss, die Gesichtsmimik und Lautäußerung. Je besser ein Hund in guten Welpenspiel- und Junghundegruppen den Umgang lernen durfte, desto besser kann er über skurile Rassebesonderheiten „hinwegsehen" und sozial geschmeidig agieren und kommunizieren. Allerdings wird von Hundehaltern und -züchtern auch immer wieder eine Vorliebe der Hunde für Artgenossen der gleichen Rasse beschrieben – vielleicht, weil es hier weniger Missverständnisse gibt? Eine Studie, die Verständigungsschwierigkeiten zwischen Rassen mit extremen Merkmalen unter die Lupe genommen hat, gibt es bislang leider noch nicht, sie wäre auch sehr aufwendig umzusetzen. Aber ich halte es nicht für unmöglich, dass ich sie trotzdem in Angriff nehme – sie reizt mich sehr. Es bleibt festzuhalten: Die Reduktion der Kommunikationsfähigkeit ist menschengemacht und sollte von Züchtern dringend überdacht werden! Es gibt Rassen, bei deren Zucht das ethisch Vertretbare überschritten wurde.

Stadthunde haben täglich auf der Hundewiese Kontakt zu anderen, fremden Hunden. So lernen Junghunde von klein an, wie man sich richtig benimmt.

3. Viele Menschen fürchten den Gang auf die Hundewiese, ihnen geht es dort oft zu aggressiv zu, ein Spiel kippt schnell zum Kampf und zurück ins Spiel, es wird scheinbar ständig imponiert und gedroht. Sind Hunde aggressiver als andere Tierarten?

Zuerst muss ich richtigstellen: Die Mehrzahl der Interaktionen auf Hundewiesen sind positiv! Wahrscheinlich haben wir einen anderen Eindruck, weil uns scheinbar aggressive Auseinandersetzungen viel mehr im Gedächtnis haften bleiben und uns emotional negativ aufwühlen. Immerhin ist unser eigener Hund vielleicht auch ohne erkennbaren Grund zurechtgewiesen worden oder schwebte gar in Gefahr, verletzt zu werden. Generell gilt: Besonders vertraute Hunde kämpfen fast nie, sondern verhalten sich hochsozial und sehr friedlich.

Aber auf Hundewiesen treffen ständig unbekannte Hunde aufeinander. Hier müssen Gestimmtheiten geklärt werden und das geht bei bestimmten Persönlichkeitstypen häufig über Imponier- oder Abwehrverhalten. Andererseits müssen hochsoziale Gruppentiere wie Hunde und Wölfe tatsächlich in ihrer Entwicklung viel trainieren, wie man Konflikte löst. Dieses nur mit dem Ziel, als erwachsener Hund zu einem sozial geschmeidigen Tier werden zu können, das nicht ständig überfordert auf neue Hundebekanntschaften reagiert.

Deshalb sieht man besonders bei Welpen viel Kampfspiel. Hier lernen die Kleinen nicht nur ihre gegenseitigen Stärken und Schwächen gut einschätzen, sondern entwickeln auch viele wichtige Strategien, wie Auseinandersetzungen schnell gelöst werden können.

Besonders Hunde, die sich schon lange kennen, pflegen häufig gewachsene Freundschaften, in denen Kämpfe nur sehr selten eine Rolle spielen.

Leben Hunde mit Kontakt zu nur wenigen Artgenossen, stellt besonders für diese ungeübten „Landeier" der Gang auf die Hundewiese eine große soziale Herausforderung dar. Hartgesottene „Stadtköter" dagegen wurden intensiv auf fremde Hunde sozialisiert und reagieren auf Neulinge deshalb meist mit wenig Aufregung. Sie beschränken sich stattdessen auf alte Freundschaften und bleiben meist ruhig und freundlich.

Generell gilt, wie bei uns Menschen auch: Je besser wir uns kennen, desto weniger müssen wir uns voreinander behaupten oder uns gegenseitig in unseren Stärken und Schwächen austesten. Aber Hunde haben gute Voraussetzungen, Konflikte erfolgreich zu lösen, ohne sich

Gute Freunde streiten fast nie, denn Spielen macht viel mehr Spaß. Falls doch, dann werden die Fronten meist schnell geklärt und der Spaß kann weitergehen.

zu verletzen. Hierzu wurde das „Drohverhalten“ entwickelt, das leider vielen Hundehaltern Angst macht. Dabei dient es dazu, „Beschädigungskämpfe“ zu verhindern. Drohgesten sind also eigentlich sehr friedensstiftende Verhaltenssignale.

Wer genau hinschaut, kann schnell erkennen, wer zum Beispiel offensiv (angreifend) und wer defensiv (abwehrend) droht – innerhalb von Sekunden wird hier oft ein Streit, Anspruch auf eine Ressource oder ein Kräfteverhältnis geregelt. Doch uns Menschen überfordert es oft, das Wahrnehmen der „Gesamtkommunikation“, also das Wahrnehmen aller körpersprachlichen Signale, im Blick zu behalten: wie lang sind die Mundwinkel, wie stehen die Ohren, wie wird der Nasenrücken gerunzelt, was machen die Pfoten, was kann ich hören? Wie hoch stehen Kopf und Rute? Je waagerechter, desto gespannter die Situation, je höher, desto mehr soll hier nur imponiert werden. All diese Verhaltensweisen verraten uns viel über die Angriffsbereitschaft des Einzelnen, über das Gleich- oder Ungleichgewicht der Gegner. Dabei ist es nicht zwingend der psychisch überlegene Hund, der am Ende den Angriff übernimmt. Die Angriffsbereitschaft kann mit dem

Auf Videosequenzen oder Fotos kann man oft schön die „Feinheiten“ erkennen, die für unser menschliches Auge ansonsten kaum wahrnehmbar sind. So kann ein kurzer Blick während einer Toberei dem Gegenüber genau mitteilen, wie es dem Spielpartner gerade ergeht.

Maße steigen, in dem sich ein defensiv drohender Hund in die Ecke gedrängt fühlt – sie gipfelt dann oft in Drohschnappen oder im Ernstfall mit einem Angriff aus Todesangst.

„Aggressionsverhalten" ist aber eigentlich ein dummer Begriff, denn er verbirgt die vielen Verhaltensfacetten, die Hunden zur Verfügung stehen, um ernste Konflikte zu vermeiden.

Aber manchmal müssen wir auch erzieherisch eingreifen, zum Beispiel wenn unser Hund zu massiv im Auftreten gegenüber Schwächeren ist oder andersherum auch: wenn er vor anderen Rüpeln geschützt werden muss. Diese Aufgabe müssen wir wahrnehmen, da wir als Führungsperson hier in der Verantwortung stehen. Auch ein erwachsener Hund würde hier eingreifen und soziale Situationen regeln.

Als Führungsperson müssen wir die Verantwortung für unseren Hund übernehmen.

Rüpel und Angstbeißer entstehen durch schlechte Erfahrungen: Der Rüpel wird süchtig nach dem Erlebnis des Gewinnens, denn beim Besiegen fühlen wir uns gut, weil Endorphine ausgeschüttet werden. Entdecken besonders Halbstarke während der Pubertät das Niedermachen als Quelle für ein persönliches Hochgefühl, können sie zum gefürchteten Raufbold werden, der alle Hunde und Halter in Schrecken versetzt. Angstbeißer waren dagegen während ihrer Jugendzeit oft die beliebten Mobbingopfer, die von ganzen Hunderudeln gejagt wurden. Weil das ja „nur Spiel" war, hat ihr Mensch nicht eingegriffen und so musste der Hund selber eine Strategie entwickeln, sich die Widersacher vom Hals zu halten: Er oder sie lernte schnell, dass Gegenangriff andere auf Abstand hält, und hat sich zum „aggressiven" Hund entwickelt, der in der Leine hängt und eine Annäherung anderer Hunde damit abwehrt. Wie „aggressiv" ein Hund auftritt, sagt also immer auch etwas über seine Sozialisierung aus.

4. Hat der Hund neben dem Bellen noch weitere neue Signale entwickelt?

Ja, denn Hunde sind Meister der Beobachtung und Anpassungsfähigkeit. Besonders alte Hunde entwickeln zum Beispiel eigene Signale, um ihren Menschen die Meinung zu bestimmten Dingen zu sagen. So setzen sie sich manchmal hin, wenn sie uns mitteilen möchten, dass es Zeit ist, den Heimweg anzutreten. In einer Studie habe ich das „Hundelächeln" untersucht, das einige Hunde in der Kommunikation mit uns Menschen zeigen. Bei uns Menschen ist das „Zähnezeigen" ein

Die Veranlagung zum sozialen Lächeln scheint genetisch bestimmt zu sein.

Begrüßungssignal, wir möchten damit deutlich machen, dass wir uns freuen, unser Gegenüber zu treffen. Unter Hunden wird Zähneblecken dagegen eigentlich genau fürs Gegenteil eingesetzt, es ist ein Abbruch- oder Drohsignal. Hunde verstehen schon als Welpen, dass unser Lächeln nicht böse gemeint ist, weil sie natürlich auch unser Ausdrucksverhalten ganzheitlich decodieren. Deshalb erwidern die meisten dieses Signal ebenfalls mit Zuneigungsbekundungen. Doch manche Hunde gehen noch weiter – sie lächeln zurück! Diese Hunde haben das Lächeln als neues Signal in ihr Verhaltensrepertoire übernommen, um erfolgreicher mit uns kommunizieren zu können. Wie stark es vom Hund gezeigt wird, liegt aber am Besitzer: Reagiert er fröhlich auf das Lächeln seines Hundes, verstärkt er es, der Hund wird es immer intensiver zeigen. Ich könnte mir auch vorstellen, dass die Veranlagung zum Lächeln eventuell bereits in den Genen liegt. Das haben auch Charles Darwin und Erik Zimen vermutet, weil bestimmte Rassen auffallend oft lächeln und andere kaum oder gar nicht. Besonders häufig lächelnde Rassen sind zum Beispiel Dalmatiner, Pudel oder Windhunde. Die Veranlagung zum sozialen Lächeln scheint also genetisch bestimmt zu sein, denn die Nachkommen lächelnder Hunde lächeln häufiger als solche, deren Vorfahren nicht lächelten. Lächeln ist also einigen Hunden mittlerweile in die Wiege gelegt.

Ursprünglich hat sich das Lächeln der Hunde wahrscheinlich aus dem „submissive Grin" („Furchtgrinsen") entwickelt. Dieses Signal gehört zum Demutsverhalten und dient dazu, dominante Tiere zu beschwichtigen. Dabei werden die Mundwinkel weit nach hinten gezogen, die Schneide-, Eck- und einige Vorbackenzähne leicht entblößt, parallel dazu versuchen die rangniederen Tiere den direkten Blickkontakt zu vermeiden, spreizen ihre Ohren seitlich ab und glätten die Stirn. Dadurch wirkt das Gesicht rundlich und welpenhaft. Beim Hundelächeln werden im Gegensatz zum Furchtgrinsen die Zähne sehr kurzfristig und mehrfach hintereinander gezeigt, und ganz wichtig: die restliche Körpersprache signalisiert uns Entspannung und Fröhlichkeit! Übrigens haben Primatenforscher wie zum Beispiel Jane Goodall entdeckt, dass auch unser Lächeln submissive Vorläufer in der Entwicklung hat, sich also aus einer unterwürfigen Geste entwickelte – eine spannende Übereinstimmung in der Entwicklung körpersprachlicher Signale.

Forschungsstudie | Bitte lächeln!
Um den Ursprung und die Bedeutung des Hundelächelns zu untersuchen, startete Dorit Feddersen-Petersen gemeinsam mit Dr. Iris Mackensen-Friedrich eine groß angelegte Internetumfrage. Hier konnten viele „lächelnde" Hunde gefunden werden. Anschließend mussten die insgesamt 124 Hundehalter Videomaterial ihrer lächelnden Hunde einsenden und Fragebögen ausfüllen. Bei der Analyse des Bild- und Videomaterials konnten Feddersen-Petersen und Mackensen-Friedrich feststellen, dass die Übergänge zwischen „echtem Hundelächeln" und Unterwürfigkeitsgrinsen jedoch häufig fließend waren: „Wir konnten beobachten, dass im Lächeln mancher Hunde auch submissive Komponenten enthalten sind", erklärt Dorit Feddersen-Petersen. „Es kommt dann immer wieder zu schnellen Wechseln zwischen Kennzeichen des Lächelns und Anteilen des Furchtgrinsens."

Einige Hunde haben „Lächeln" als neues Signal in ihr Verhaltensrepertoire übernommen, um mit uns zu kommunizieren, die Übergänge zum Unterwürfigkeitsgrinsen sind aber oft fließend.

5. Menschen gegenüber kann man sich gut verstellen und kleine Notlügen gelten als legitim, denn sie können zuweilen soziale Situationen hilfreich entspannen. Können wir auch Hunden etwas vormachen, sie also über unsere Gefühlslage täuschen?

In diesem Fall würden wir ja versuchen, genau wie bei Menschen, durch eine „aufgesetzte" Körpersprache und andere Stimmlage den Hund in die Irre zu führen. Zum Beispiel indem wir uns bemühen, ihn fröhlich zum Spielen zu animieren, obwohl wir eigentlich durch Ärger im Job gestresst sind. Das wird schwierig werden, denn Hunde können unsere Stimmungslage nicht nur sehen und hören, sondern auch riechen. Also selbst wenn sie sich kurzfristig von unserem „Theater" täuschen lassen, wird uns spätestens unser Körpergeruch verraten. Hier sind wir dem Hund gnadenlos unterlegen, denn er besitzt diesen zusätzlichen Kommunikationskanal der Düfte, der uns nahezu verschlossen ist. Zum Vergleich: Eine Hundenase hat ungefähr 250 Millionen, eine Menschennase dagegen im Vergleich nur lächerliche 10 bis 30 Millionen Riechzellen in ihrer Schleimhaut sitzen. Was Hunde alles mit diesem Superorgan riechen können, wissen wir Wissenschaftler bis heute kaum, nur dass er damit die Welt wahrscheinlich ganz anders und intensiver wahrnehmen kann als wir (siehe Alexandra Horowitz, S. 57). Diese Kommunikationsform findet also auf chemischer Ebene statt über den Austausch von Pheromonen. Das sind molekulare Botenstoffe, die sich in unserem Schweiß, Harn oder Kot befinden und von speziellen Drüsen abgesondert werden. Sie geben gnadenlos ehrliche Informationen über uns wieder, verraten also, dass wir heute zum Beispiel im Job Misserfolge einstecken mussten oder unglücklich verliebt sind.

Eine Hundenase besitzt ca. 250 Millionen, eine Menschennase 10 bis 30 Millionen Riechzellen.

Für die Kommunikation unter Artgenossen ist der Informationsaustausch über Duftstoffe für unseren Hund besonders wichtig. Hunde beriechen sich deshalb intensiv gegenseitig, auch im Gesichtsbereich, denn hier gibt es viele weitere Duftdrüsen. Sie urinieren neben alte eigene und fremde Markierungen oder inhalieren neugierig den Geruch eines unbekannten Hundes. So wissen sie genau, wer sich gerade im Gebiet ums eigene Grundstück aufhält, wie der Fruchtbarkeitsstatus der Nachbarshündin ist, wie alt und gesund der Hundeopa am Ende der Straße ist, und sie wissen bereits, wie es um die Gemütslage des besten Kumpels bestellt ist, noch bevor sie ihn getroffen haben.

Hunde kennen verschiedene Stimmungen wie Überdrehtheit, Traurigkeit oder Lethargie von ihrem eigenen Gefühlsleben – und können deshalb sehr gut sehen und riechen, wie es uns gerade geht.

Sich dem eigenen Hund gegenüber zu verstellen, sollten wir deshalb besser lassen und lieber authentisch schlechtgelaunt, traurig oder fröhlich sein – genau wie er.

6. Verstehen uns Hunde, wenn wir mit ihnen reden?

Hunde können Begriffe Gegenständen zuordnen, also zum Beispiel „Schuh" von „Leine" unterscheiden oder ganze Wortkombinationen richtig einordnen, die sie häufig hören. Aussagen wie zum Beispiel „Wollen wir ausgehen?" oder „Hast du Hunger?" können deshalb zu regelrechten Freudentänzen führen und der Hund rennt zur Haustür oder zu seinem Napf. Eine Studie aus Leipzig hat gezeigt, dass Hunde über 200 unterschiedliche Wörter unterscheiden können (siehe Juliane Kaminski, S. 133), einem US-Forscherteam ist es sogar gelungen, einer Border-Collie-Hündin über 1.000 Begriffe beizubringen. Doch Hunde verstehen nicht nur einzelne Wörter, sondern viel mehr! Denn wie schon oben erwähnt, konzentrieren sie sich nicht wie wir auf einzelne Verhaltensäußerungen, sondern nehmen uns als Ganzes wahr. Sie analysieren, während wir sprechen, wie wir dabei gucken, wie wir uns bewegen, welche Körperhaltung wir haben und wie wir riechen. Alles zusammen verrät ihnen wahrscheinlich, was wir gerade sagen möchten.

Ein Hund versucht uns zu verstehen, indem er alle Verhaltensäußerungen wahrnimmt, z. B. Stimmlage, einzelne Wörter, Körperhaltung und -geruch.

Aber das Sprechen ist für Hunde eine wichtige Sache, auch wenn sie nicht alle Vokabeln, Adjektive oder die Bedeutung verschiedener Zeiten verstehen. Sprechen ist für Hunde ein weiterer wichtiger Indikator für unsere Stimmung. Der Klang unserer Stimme kann Zärtlichkeit oder Ärger vermitteln, auf eine sehr verständliche Weise für den Hund. Die Antwort zum Bellsystem hat ja schon gezeigt, wie fein Hunde selber über Laute kommunizieren. Das kennen sie also von sich selbst und übertragen es auf uns Menschen. Rennen wir brüllend und stampfend durchs Haus und schreien uns an, dann wissen sie, dass wir gerade einen ernsten Konflikt ausfechten. Im Gegenzug tänzeln sie fröhlich mit uns umher, wenn wir uns über die unerwartete Gehaltserhöhung freuen. Glückliche, wütende, traurige Laute – sie alle kann ein Hund sehr schnell einordnen, denn er kennt sie zum einen von sich selbst, zum anderen werden sie immer im Zusammenhang mit anderen Verhaltensweisen gezeigt wie zärtliches Kraulen im Nahbereich oder einer drohenden Körperhaltung. Auch Stress oder Traurigkeit kann unser Sprechen verraten: Wenn wir es zum Beispiel eilig haben, klettert unsere Stimmlage in höhere Frequenzen, erfahren wir eine traurige Nachricht, stoßen wir vielleicht ähnliche jaulartige Laute aus wie ein Hund, der winselt (siehe Marc Bekoff, S. 43). Hunde „nutzen" unsere Sprache also ganz ähnlich wie die Lautäußerungen von Artgenossen als Anhaltspunkt für unsere Stimmung, Absichten und Gefühle. Deshalb macht es sehr viel Sinn, mit ihnen von Anfang an viel zu sprechen.

7. Gibt es noch mehr Parallelen in der Kommunikation und ähnliche Ausdrucksweisen bei Menschen und Hunden?

Ja, denn Mensch wie Hund drücken ihre Gestimmtheiten und Absichten durch ähnliche Körpersprache aus. So gehen offensiv aggressiv gestimmte Hunde und Menschen steif im Imponiergang auf ihre Gegner zu, Menschen heben dabei gerne drohend einen Arm oder ballen die Faust, Hunde stellen Rute, Ohren und Nackenhaare hoch. In der gegenteiligen Situation versuchen unterwürfige Menschen und Hunde, die ihren Gegner beschwichtigen möchten, alles zu verbergen, was aggressiv anmuten könnte: Sie vermeiden direkten Blickkontakt, knicken die Hinterbeine ein, dadurch nimmt der Rücken eine runde Form an. Hunde haben zusätzlich die Möglichkeit, auch die Mundwinkel lang zu ziehen, dabei die Lippen zu lecken und die Rute einzuklemmen. Ein verschreckter Mensch zieht den Kopf zwischen den Schultern ein und zeigt nach unten hängende Arme. Auch Traurigkeit sieht bei Hund und Mensch körpersprachlich ähnlich aus: Beide Arten lassen den Kopf hängen, schleichen durch die Welt und ziehen sich bevorzugt an einsame Orte zurück.

Insgesamt würde ich fünf Ähnlichkeiten im Ausdrucksverhalten nennen:

1. Die Mundwinkelform, denn über Lippen signalisieren Menschen und genauso Hunde, ob sie gerade freundlich, entspannt oder aber angriffslustig sind. Hunde ziehen bei Stress die Mundwinkel ganz lang nach hinten oder verkürzen sie mit zunehmender Angriffsbereitschaft immer weiter. Menschen lächeln und lachen in positiven Situationen mit breiten Mündern, zeigen dabei Augenlächeln, während sie bei Stress ein aufgesetztes Lächeln mit verräterisch ängstlichen Augen zeigen, vergleichbar dem „submissive grin" der Hunde. Bei Ärger werden wir zuerst schmallippig und brüllen schließlich aus runden Mündern unser Gegenüber an.
2. Als mimische Ähnlichkeit können wir die Nase vergleichen: Der Nasenrücken spiegelt bei Mensch und Hund unsere Gefühlslage. Sind wir zum Beispiel skeptisch oder aggressiv, dann wird sie kraus gezogen. Sind wir entspannt, ist die Nase ganz glatt – alles genau wie bei Hunden.
3. Besonders spannend finde ich zudem die ähnliche Verwendung von Gesten: Eine Aktion wie das Auflegen der Pfote kann bei Hunden je nach Situation als Provokation oder zur Beruhigung gedacht sein. Auch wir Menschen legen entweder einem Gegenüber die Hand beruhigend auf die Schulter oder greifen nach dem Kragen oder schubsen im Spiel oder Ernst den anderen mit den Händen weg. Eine typische Geste ist das Umlegen mit dem Arm um den Halsbereich von Personen, die uns eng vertraut sind – eine Geste, die im aggressiven Kontext auch ein Würgegriff ist! Bei Hunden lässt sich diese Zweifachverwendung mit dem Schnauzengriff vergleichen: In innigen Momenten wird er als Schnauzenzärtlichkeit gezeigt, in angespannten Situationen kann er eine Zurechtweisung sein.
4. Auch können wir aus Hunde- und Menschenaugen viel über Gefühlslagen erfahren: Schauen sie hektisch hin und her, verraten sie Aufregung und Unsicherheit. Beim Spielgesicht zeigen wir und auch

Hunde das „neckische“ zur Seite Schielen, bei dem viel Weiß des Augapfels sichtbar wird. Anstarren dagegen kann von fremden Menschen oder Hunden als Provokation empfunden werden, ist man sich vertraut, ist es hingegen wieder ein Zeichen von Verbundenheit, sich tief in die Augen zu schauen.

5. Zudem steckt in der Art, wie wir uns bewegen, viel Ähnlichkeit: Hunde und Menschen schleichen sich gebückt vorsichtig an, tänzeln bei Freude, gehen steif und groß aufeinander zu, wenn sie einander imponieren wollen. Wie es uns geht und was wir im Schilde führen, können Hunde an uns und wir an ihnen erkennen – weil wir es ganz ähnlich von uns selber kennen.

Vermenschlichen erlaubt! Denn auch Hunde verhundlichen uns, sie interpretieren unser Verhalten, indem sie es mit ihren eigenen Ausdrucksmöglichkeiten abgleichen.

8. Auch bei uns Menschen gibt es emotionale Trottel, die ihr Gegenüber missverstehen und in komische Situationen geraten. Gibt es diesen Persönlichkeitstyp eigentlich auch beim Hund?

Natürlich gibt es wie bei Menschen auch Hunde, die nicht besonders darauf aus sind, sich in andere einzufühlen, sondern mit wenig Gespür für ihr Gegenüber durchs Leben laufen. Doch ich denke, die Entwicklung eines hohen emotionalen Quotienten hat neben Genen auch viel mit Umwelterfahrungen zu tun. Generell tragen die meisten Hunde ein großes Potential in sich, viel soziales Geschick nicht nur für den Umgang mit Artgenossen, sondern auch für das Zusammenleben mit uns Menschen entwickeln zu können. Das liegt an der hochsozialen Struktur, in der die meisten Kanidenrudel leben – ganz ähnlich wie wir Menschen sind sie auf ihre Rudelmitglieder angewiesen, müssen sich gut individuell kennen, eng zusammenarbeiten und sich gegenseitig körperlich und psychisch unterstützen. Sie müssen lernen, sich anzupassen und in die Gemeinschaft einzufügen.

Das gelingt umso besser, je mehr Möglichkeit sie haben, in ihrer Entwicklung andere zu beobachten, Konflikte zu lösen und Erfahrungen zu verarbeiten. Besonders wichtig, damit ein Hund uns und wir dem Hund eng vertraut sind, ist die zärtliche Kontaktaufnahme im Nahbereich. Leider scheuen immer noch manche Menschen, sich einfach auf den Boden zu ihrem Welpen oder Hund zu legen. Dabei ist Innigkeit besonders im Welpen- und Junghundealter für eine feste Bindung unverzichtbar. Hier unten auf dem Fußboden können wir uns auf Augenhöhe begegnen und beim Spielen, Kuscheln und zusammen ruhen innig kennenlernen. Durch die Nähe zu unserem Gesicht, kann ein Hund noch schneller lernen, unsere körpersprachlichen und Laut-Signale richtig zu deuten. Aber ein besonders entscheidender „Nebeneffekt" der Nähe ist, dass besonders bei Zärtlichkeit und Spiel bei Mensch und Hund das Glückshormon „Oxytocin" in die Blutbahn ausgeschüttet wird. Es sorgt dafür, dass wir uns miteinander wohlfühlen und uns eng verbinden – deshalb wird es auch das „Bindungshormon" genannt. Um ein Hund oder Mensch zu werden, der sich sehr sozial gewandt verhalten kann und eine enge Bindung zu anderen entwickelt, sollten wir also viel miteinander spielen und uns Zeit für Nähe nehmen. Das ist aber eine sinnvolle „Investition": ganz nebenbei macht es uns nämlich auch noch sehr glücklich!

Service

Autorenporträt

Kate Kitchenham hat Zoologie mit dem Schwerpunkt Verhaltensforschung sowie Kulturanthropologie in Hamburg studiert und mit der Arbeit „Lebensbegleiter Hund – Motivation zur Hundehaltung in der Stadt“ abgeschlossen. Als Journalistin bearbeitet sie in enger Zusammenarbeit mit namhaften Wissenschaftlern, Feldforschern, Hundetrainern und Tierärzten Themen aus den Bereichen Verhaltensforschung, Zucht, Erziehung und Tiermedizin für Fachmagazine wie DOGS. Als Autorin schreibt sie Bücher für Hundefreunde, unter anderem „Hundehaltung in der Stadt“ (2006), „Forschung trifft Hund“ zusammen mit PD Dr. Udo Gansloßer (2012) und „Hundeglück“ (2013). Sie ist regelmäßig als Hundeexpertin im Fernsehen zu sehen, unterstützt als Coach Hundehalter bei Trainings- und Verhaltensfragen und hält Vorträge zu verschiedenen Hundethemen in ganz Deutschland. Gemeinsam mit ihrer Familie und Hündin Erna lebt Kate Kitchenham in Lüneburg. Mehr aktuelle Informationen über die Autorin finden Sie bei Facebook und unter www.kitchenham.de

Zum Weiterlesen

Bekoff, Marc: Vom Mitgefühl der Tiere. Kosmos 2011

Bekoff, Marc: Das Gefühlsleben der Tiere. Animal learn 2008

Bloch, Günther: Der Wolf im Hundepelz. Kosmos 2004

Bloch, Günther: Die Pizza-Hunde – DVD. Kosmos 2008

Bloch, Günther und Elli H. Radinger: Wölfisch für Hundehalter. Kosmos 2010

Bloch, Günther und Elli H. Radinger: Affe trifft Wolf. Kosmos 2012

Bloch, Günther und Peter A. Dettling: Auge in Auge mit dem Wolf. Kosmos 2012

Bloch, Günther und Nina Ruge: Was fühlt mein Hund, was denkt mein Hund? GU 2012

Feddersen-Petersen, Dorit: Hundepsychologie. Kosmos 2013

Feddersen-Petersen, Dorit: Ausdrucksverhalten beim Hund. Kosmos 2008

Feddersen-Petersen, Dorit: Verhaltensentwicklung beim Hund. Kosmos 2014

Gansloßer, Udo und Kate Kitchenham: Forschung trifft Hund. Kosmos 2012

Gansloßer, Udo: Verhaltensbiologie für Hundehalter. Kosmos 2007

Gansloßer, Udo und Petra Krivy: Verhaltensbiologie für Hundehalter – das Praxisbuch. Kosmos 2011

Gansloßer, Udo und Sophie Strodtbeck: Kastration und Verhalten beim Hund. Müller Rüschlikon 2011

Gansloßer, Udo: Bindung und Beziehung. Filander 2013

Gansloßer, Udo: Wilde Hunde. Filander 2006

Grunow, Alexandra und Rovena Langkau: Mantrailing. Kosmos 2011

Horowitz, Alexandra: Was denkt der Hund? Spektrum Akademischer Verlag 2012

Horowitz, Alexandra: Von der Kunst, die Welt mit anderen Augen zu sehen. Springer Spektrum 2013

Kaminski, Juliane: So klug ist Ihr Hund. Kosmos 2011

Käufer, Mechtild: Spielverhalten bei Hunden. Kosmos 2011

Kitchenham, Kate: Hundeglück. Kosmos 2013

Kotrschal, Kurt: Wolf-Hund-Mensch – Die Geschichte einer jahrtausendealten Beziehung. Brandstätter Verlag 2012

Miklósi, Ádám: Hunde – Evolution, Kognition und Verhalten. Kosmos 2011

Rauth-Widmann, Brigitte: Die Sinne des Hundes. Kosmos 2014

Nützliche Adressen

Gesellschaft zum Schutz der Wölfe.
Dr. Peter Blanché,
Indersdorfer Str.51
D-85244 Großinzemoos
www.gzsdw.de

Wolfspatenschaften
Von Goltstein Straße 1
D-53902 Bad Münstereifel-Mahlberg
www.hundefarm-eifel.de

Gesellschaft zur Förderung Kynologischer Forschung
Mozartstraße 13
D-53919 Weilerwist
www.gkf-bonn.de

Forschungskreis Heimtiere in der Gesellschaft
Postfach 286161
D-28361 Bremen
www.mensch-heimtier.de

Society for Companion Animal Studies (SCAS)
The Blue Cross, Shilton Roa
Burford Oxon OC 84PF
www.scas.org.uk

Clever Dog Lab/ Universität Wien
Donaufelderstrasse 159/1
A-1210 Wien
www.cleverdoglab.at

Family Dog Project/ Universität Budapest
Eötvös Loránd University
Pázmány Péter sétány 1/c
H-1117 Budapest
www.familydogproject.elte.hu

Horowitz Dog Cognition Lab
Barnard: c/o Department of Psychology
3009 Broadway
New York, NY 10027 / USA
www.columbia.edu/~ah2240

Dognition. Find the genious in your dog
Duke University. Canines, Inc.,
318 Blackwell Street
Durham, NC 27701
www.dognition.com

Marc Bekoff
Informationen & Essays unter www.psychologytoday.com/experts/marc-bekoff-phd

Wolf Sience Center
Wolfsforschungszentrum
Dörfles 48
A-2115 Ernstbrunn
www.wolfscience.at/de

Udo Gansloßer,
Bremer Straße 21
D-90765 Fürth
Informationen & Seminare unter www.ganslosser.de

Dorit Feddersen Petersen,
Informationen unter www.uni-kiel.de/zoologie/gorb/dfeddersen

Dog Cognition Center/ Portsmouth
Informationen unter www.port.ac.uk/department-of-psychology/facilities/dog-cognition-centre/

Verhaltensmedizinische Beratung Einzelfelle
PD Dr. Udo Gansloßer & Sophie Strodtbeck
www.einzelfelle.de

Register

A

Abbruchsignal 144
Abhängigkeit 89
Abwehrverhalten 172 f.
Ádám Miklósi 74, 93 ff., 98 ff.
Aggression 147, 172 f., 175
Aktion und Reaktion 62
Alexandra Horowitz 53 ff.
Allomarking 156
Alpha-Theorie 31
Altruismus 47
Angriffsbereitschaft 175
Angstbeißer 175
Anpassung 90
Arbeitsteilung, effektive 48
Artgenossen, Kontakt zu 57
Assoziationen 62
Aufmerksamkeit 63, 121
Augenbewegungen 126
Ausdrucksformen 89 f.
Ausdrucksstärke 37
Ausdrucksverhalten 89, 100, 181

B

Bechertest 124
Bedürfnisse, natürliche 51
Beiprodukt-Hypothese 124
Bellen 166 f.
Besänftigendes Verhalten 62
Beschwichtigungsverhalten 176
Besitzergegenwart 85 f.
Besitzerwechsel 91
Beziehungsintensität 87 f.
Beziehungsreize 111
Bezugsperson 85 f.
Bindung 51, 72 ff., 88 f.
Biophilie-Hypothese 77
Biopsychologische Mechanismen 80
Blickkontakt 120
Blickrichtung 120 f.

D

Degeneration 89
Deklaratives Gedächtnis 105
Demutsverhalten 176
Domestikation 112 f.
Dominanz 146
Doppelidentität 76
Dorit Feddersen-Petersen 74, 128, 161 ff.
Drohgesten 174
Dunkelheitsstudie 116, 121, 126 f.

E

Eberhard Trumler 12
Eifersucht 40 f.
Elli Radinger 13
Eltern-Kind-Bindung 87
Emotionale Betroffenheit 43
Emotionen 13, 34 ff.
Empathie 38, 64
Erdanziehung 131
Erfahrungswerte 40
Erich Klinghammer 12
Erik Ziemen 22, 76
Erkundungsverhalten 85
Erleben von Emotionen 40
Erziehung 134 ff., 144
Extremzuchten 169

F

Facial Action Coding System 128
Fairness 34, 46, 48
Familienerkennung 152 f.
Family Dog Project 94
Frans de Waal 34
Fremdwahrnehmung 63 f.
Führungsfiguren 30
Furchtgrinsen 176
Futterrationen 119 f.

G

Gassi-Runden erleben 57
Gefährliche Rassen 147 f.
Gefühle 15, 33 ff., 42 f.
Gegenseitiges Verstehen 64
Gehegehaltung 80
Geistige Fähigkeiten 106
Gerüche 57, 66
Geruchliche Kommunikation 57
Gesamtkommunikation 174
Geschlechterrollen 91
Geschlechterspezifisches Interaktionsverhalten 91
Geschlechterunterschiede 128
Gesetzmäßigkeiten der Physik 130 f.
Gesichtsausdruck 63, 128, 169
Gesichts-Mimik 128
Gesten-Verständnis 112
Gewissen, schlechtes 60 f.
Gewohnheiten 103
Glück 13, 65, 68 f.
Grundbedürfnisse 51
Gruppenzusammenhalt 48, 82
Günther Bloch 9 ff.

H

Hausregeln 60, 62
Haustierwerdung 84
Hunde als Helden 59 f.
Hunde reflektieren 37
Hunde-Farm-Eifel 12
Hundegesichter lesen 171
Hunde-Lächeln 175 f.
Hund-Mensch-Beziehung 17f., 30, 72
Hund-Wolf-Unterscheidung 110

I

Imitation 107, 134 f.
Imponierverhalten 172 f.
Impulskontrolle 82
Intelligenz 102, 132

J

Jagdverhalten von Wölfen 80
Jane Godall 34 f.
Juliane Kaminski 115 ff.

K

Kastration 149 f.
Kindchenschema 58
Kind-Hund-Vergleich 116
Klangbilder 167 f.
Klimawandel 20
Knurrgeräusche 100 f.
Kognitive Leistung 72
Kommunikation 57, 75, 154 f.
Kommunikationsfähigkeit, reduzierte 169 ff.
Kommunikationsverhalten 89, 162
Kommunikationsvielfalt 169

Konfliktbewältigung 49 f.
Konrad Lorenz 72, 89
Konsequenzen einschätzen 82
Kontrollbedürfnis 88
Kooperationsbereitschaft 75, 81, 113
Körperlichkeit 68
Korrektur 145
Kortisol 65, 79
Kreativität 80
Kurt Kotrschal 71 ff.
Kuscheln 45 f.

L

Langeweile 66
Langzeitgedächtnis 105
Lautäußerungen 167
Leadership-Gedanke 31
Lebensraumwandel 20
Leitweibchen 30
Leitwölfe 30
Liebe 33 ff.
Logik 130
Lokale Stimuli 130 f.
Lokale Verstärker 137
Loyalität 48

M

Manipulation 128
Mark Bekoff 33 ff.
Markieren 154 ff.
Massentourismus 20
Mensch-Hund-Spiel 65
Mensch-Tier-Beziehung 72
Mimik 169
Moralempfinden 34
Moralvorstellung 47 f.

O

Objektpermanenz 130
Oxytocin 65

P

Paul Paquet 12
Persönlichkeit 15, 88, 146
Pheromone 44, 57, 178
Play Bow 36, 46
Problemlösefähigkeit 86, 107

R

Rasseeigenschaften 25 f., 128
Reflexion 40
Ressourcen 150
Rituale 111
Rollenwechsel 46
Rücksichtnahme 48
Rudelstruktur 28
Rüpel 175

S

Scham 38
Schlaf 156 ff.
Schuldbewusstsein 38, 61 f.
Seele der Tiere 36
Sekundäre Emotionen 38 ff.
Selbstaufgabe 47, 84
Selbstwahrnehmung 63 ff.
Selektive Imitation 134 f.
Signale 111, 124, 175 f.
Silberfüchse 124
Soziale Fähigkeiten 72, 99, 106
Soziale Gruppen 82
Soziale Intelligenz 82
Soziale Interaktion 57
Soziale Organisation 48
Soziale Regeln 50
Soziale Rollen 91
Soziale Schwesterarten 82 f.
Sozialer Rang 107 f.
Soziales Lernen 134 f.
Sozialisierte Wölfe 110
Sozialisierung 144
Sozialstruktur 36
Spaziergang 57, 69
Spiegel-Test 100
Spielen 45 f., 67, 85
Spielknurren 101
Stadthunde 109
Statussymbol Hund 98
Stimuli basiertes Lernen 134
Stirnhirn 82
Straßenhunde 28
Stress 43 f., 143 ff.
Stresshormone 57, 65, 79
Stressreduktion für Kinder 78
Submissive Grin 176

T

Tabu 61 f.
Tagesablauf 103
Toleranz 47
Trauer 13
Träume 156 ff.
Trennungsschmerz 89
Trösten 43
Tuscany Dog Project 13

U

Überforderung 143
Udo Gansloßer 13, 139 ff.
Umweltsicherheit 145
Umweltsituationen 109
Unbelebte Umwelt 130
Unfaires Verhalten 46
Unterscheidung, Wolf und Hund 89 f.

V

Vergebung 47
Verhalten kopieren 90, 104
Verhalten verstehen 66, 90
Verhalten, unerwünschtes 49
Verhalten, ursprüngliches 25
Verhaltensabbruch 49 f.
Verhaltensauffälligkeiten 147
Verhaltenskorrekturen 145
Verhaltensweisen 169
Vermenschlichung 58
Von Hunden lernen 67 f.
Vorderhirn 80

W

Wahrnehmung 57, 120
Welpen 27 f.
Welpen, Kampfspiel 172
Wildhunde 28
Wolf und Mensch 82 f.
Wölfe und Raben 18 f.
Wölfe, Gefühle 22
Wölfe, Heulverhalten 21
Wolf-Hund-Mensch- Beziehung 83 ff.
Wolf-Hund-Forschung 80 f.
Wortbedeutung 133, 180 f.

Z

Zahmheit 124
Zeigegesten 29, 112, 126

Bildnachweis

Vegar Abelsnes (1: S. 55), Debra Bardowicks (9: S. 35, 39, 42, 51, 73, 76, 95, 99), Günther Bloch (3: S. 18, 25, 27), Ulla Bergob (1: S. 141), Helga Drogies (11: S. 8, 12, 14, 15, 20, 21, 22, 23, 31, 110 re.), Rainer Dittrich/Kosmos (1: S. 60), Sandra Froh (1. S. 84), Kate Kitchenham (37: S. 1, 7, 17, 28, 41, 44, 45, 56, 57, 58, 61, 67, 68, 69, 83, 90, 96, 98, 100, 101, 102, 103, 110 li., 113, 114, 129, 136, 143, 147, 151, 152, 157, 160, 179, 180, 183), Imke Lass (1: S. 11), Heiner Orth (2: S. 117, 118), Patrick Ohligschläger (3: S. 163, 164, 170), Rolf Otzipka (1: S. 186), Ruby Ode (1: S. 168), Michael Pramberger/Kosmos (1: S. 185), Mareike Rohlf/Kosmos (2: S. 37, 174), Heike Schmidt-Röger (14: S. 32, 70, 78, 87, 91, 92, 120, 122, 125, 138, 154, 158, 159, 177), Heike Schmidt-Röger/Kosmos (2: S. 47, 119), Sabine Stuewer/Kosmos (16: S. 63, 65, 104, 105, 109, 112, 131, 132, 133, 144, 145, 165, 172, 173), Annette Vorwerk-Dörries (3: S. 52, 106, 121), Viviane Venzke/Kosmos (6: S. 36, 49, 88, 134, 166, 167), Walter Vorbeck (2: S. 74, 81) und Heidi Wagner (1: S. 75).

Impressum

Umschlaggestaltung von eStudio Calamar unter Verwendung von zwei Farbfotos von Oliver Giel.
Das Foto auf der Vorderseite zeigt einen Border Collie Welpen.

Mit 120 Farbfotos und einer Illustration.

Unser gesamtes lieferbares Programm und viele weitere Informationen zu unseren Büchern, Spielen, Experimentierkästen, DVDs, Autoren und Aktivitäten finden Sie unter **kosmos.de**

Gedruckt auf chlorfrei gebleichtem Papier

ISBN 978-3-440-13951-6
Redaktion: Hilke Heinemann
Gestaltungskonzept: eStudio Calamar
Gestaltung und Satz: akuSatz, Stuttgart
Produktion: Eva Schmidt
Printed in Germany / Imprimé en Allemagne

FSC®
www.fsc.org
MIX
Papier aus verantwortungsvollen Quellen
FSC® C004592